BOTANIQUE

FLORE DE L'YONNE

PAR

M. E. RAVIN

Pharmacien de l'Asile départemental.

2me PARTIE. — CRYPTOGAMES

MOUSSES

AUXERRE

IMPRIMERIE DE GUSTAVE PERRIQUET

1876

FLORE DE L'YONNE

Extrait du *Bulletin de la Société des Sciences de l'Yonne*
du 2ᵉ semestre 1875.

BOTANIQUE

FLORE DE L'YONNE

PAR

M. E. RAVIN

Pharmacien de l'Asile départemental.

2me PARTIE. — CRYPTOGAMES

MOUSSES

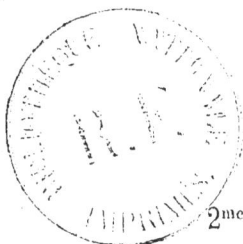

AUXERRE

IMPRIMERIE DE GUSTAVE PERRIQUET

—

1876

©

BOTANIQUE

—

FLORE DE L'YONNE

Par M. E. RAVIN,

Pharmacien de l'Asile départemental.

—

2ᵐᵉ PARTIE. — CRYPTOGAMES

—

MOUSSES

—

INTRODUCTION

Les Mousses, végétaux acotylédonés cellulaires, sont répandues avec profusion dans la nature. Elles vivent ordinairement réunies en grand nombre ; il n'est pas rare de rencontrer des espèces différentes mélangées dans une même touffe ; quelques-unes sont solitaires, comme la Buxbaumie.

Les Mousses, comme les Phanérogames, ne croissent pas indifféremment partout ; elles choisissent, pour se développer, le milieu qui leur convient.

Sur la terre calcaire on rencontre : Phascum cuspidatum, curvicollum, bryodes ; Dicranella varia ; Pottia cavifolia, minutula ; Leptotrichum flexicaule ; Barbula

ambigua, unguiculata, fallax, convoluta ; Webera albicans ; Bryum pallescens, erythrocarpum, argenteum ;
Eurynchium prælongum, etc.

Sur les rochers calcaires : Gymnostomum tortile ;
Seligeria calcarea, pusilla ; Eucladium verticillatum ;
Barbula membranifolia, vinealis, tortuosa ; Encalypta
streptocarpa ; Orthotrichum cupulatum, anomalum ;
Grimmia orbicularis, pulvinata ; Bryum roseum ; Rhynchostegium tenellum ; Thamnium alopecurum ; Hypnum rugosum ; Hylocomium splendens.

Sur la terre siliceuse ou granitique : Ephemerum serratum ; Sphærangium muticum ; Pleuridium nitidum,
subulatum ; Weisia viridula ; Dicranella heteromalla ;
Campylopus fragilis, longipilus ; Fissidens bryodes ;
Pottia truncata ; Ceratodon purpureus ; Barbula ruralis ;
Encalypta vulgaris ; Physchomitrium pyriforme ; Enthostodon cricetorum ; Webera nutans ; Mnium hornum ;
Bartramia pomiformis ; Atrichum undulatum ; Pogonatum
nanum ; Polytrichum piliferum ; Antitrichia curtipendula ; Buxbaumia aphylla, etc.

Sur les rochers siliceux ou granitiques : Weisia cyrrhata ; Cynodontium Bruntoni ; Trichostomum convolutum ; Barbula cuneifolia, canescens ; Ulota Hutchinsiæ ;
Orthotrichum Sturmii ; Grimmia Schultzii ; Leucophæa
commutata, montana ; Racomitrium aciculare, heterostichum ; Hedwigia ciliata ; Bryum alpinum ; Pterogonium
gracile, etc.

Sur les troncs d'arbres, on trouve le plus fréquemment
les espèces suivantes : presque tous les Orthotricum ; Ulota
crispa ; Zygodon viridissimus ; Barbula lævipila ; Cryphæa heteromalla ; Pylaisia polyantha ; Leskea poly-

carpa ; Leucodon sciuroïdes ; Plagiothecium silesiacum ; Homalothecium sericeum.

Dans les bois, sur la terre et à la base des troncs, on rencontre en abondance : Dicranum scoparium, undulatum ; Leucobryum glaucum ; Homalia trichomanoïdes ; Thuidium tamariscinum ; Eurhynchium striatum, Stokesii ; Brachythecium velutinum ; Camptothecium lutescens ; Hypnum cupressiforme, purum, Schreberi ; Hylocomium splendens, brevirostrum, triquetrum.

Dans les endroits tourbeux ou marécageux on voit : Dicranum palustre ; Dicranella heteromalla ; Bryum pseudotriquetrum ; Aulacomnium palustre ; Splachnum ampullaceum ; Climacium dendroïdes ; Hypnum stellatum, cuspidatum, cordifolium, stramineum ; tous les Sphagnum.

Dans les eaux courantes, sur les bords des ruisseaux : Fissidens taxifolius ; Mnium hornum, undulatum, punctatum, rostratum ; Hypnum filicinum, fluitans ; Fontinalis antipyretica ; Cinclidotus fontinaloïdes ; Rynchostegium rusciforme.

Sur les murs : Barbula aloïdes, rigida, muralis ; Grimmia pulvinata ; Bryum argenteum, cæspiticium. Sur les parois verticales des murs exposés à l'ouest : Grimmia crinita ; Brachythecium murale, au pied des murs exposés au nord.

Sur les toits de chaumes : Dicranum scoparium ; Barbula ruralis ; Homalothecium sericeum ; Hypnum cupressiforme.

Toutes les mousses sont pourvues d'une tige plus ou moins longue, haute de quelques millimètres dans les Ephémérées, elle atteint trente centimètres et plus dans la fontinale. La tige est simple ou rameuse. La ramification a lieu par bourgeons terminaux ou latéraux (innovation) ; elle est latérale dans les mousses acrocarpes, c'est-à-dire à inflorescence terminale, et terminale dans les pleurocarpes, c'est-à-dire à inflorescence latérale.

Il y a lieu de faire ici une remarque fort importante : une mousse est-elle acrocarpe ou pleurocarpe ? Pour les espèces à tige simple, la chose n'est point douteuse, mais dans les acrocarpes rameuses et vivaces comme certaines **Barbules, Grimmies, Orthotrics, Dicranes,** l'inflorescence paraît latérale à première vue. En regardant de près, il est facile de se convaincre que le rameau qui semble continuer la tige est un rameau (innovation) de l'année, tandis que la tige fructifère est de l'année précédente.

Les feuilles des mousses sont toujours sessiles, entières ou dentées, munies d'une nervure plus ou moins longue ou dépourvues de nervure, ou bistriées à la base, obtuses, aigües et quelquefois terminées par un poil blanc diaphane. Elles sont disposées de diverses manières le long de la tige : distiques dans les fissidens, tristiques dans la fontinale, déjetées de chaque côté dans les plagiothèques, éparses dans le plus grand nombre. Quant à leur direction, elles sont dressées, étalées, réfléchies.

Les fleurs des mousses sont en général monoïques ou dioïques, quelquefois hermaphrodites ou polygames ; elles sont entourées d'un involucre de feuilles, qui prend le nom de périgone dans les fleurs mâles, et de périchète dans les fleurs femelles ; quand le périchète, qui est placé à la base des pédicelles, ne contient que des fleurs femelles, Schimper l'appelle périgyne, quand il renferme

des fleurs des deux sexes, il lui donne le nom de péri-
game.

Les fleurs mâles affectent diverses formes : elles sont
gemmiformes : ex. Thamnium ; discoïdes : ex. Mnie, Bry ;
anthoïdes : ex. Politric. L'organe mâle est appelé Anthéridie ; les filaments cloisonnés qui accompagnent l'anthéridie se nomment Paraphyses (planche LXXI, figure 8).
L'anthéridie, au moment de la fécondation, se rompt et
laisse échapper un liquide qui renferme des animalcules
claviformes biciliés, appelés Spermathozoïdes.

La fleur femelle, à l'état rudimentaire, prend le nom
d'Archégone ; l'Archégone contient toujours plusieurs
embryons qui avortent tous, sauf un seul, rarement 2-3-4
ex. : Dicranum undulatum ; Bryum roseum et la plupart
des Mnium. La fleur femelle, en grandissant, brise le sac
membraneux qui la renferme en deux parties ; la partie
inférieure s'appelle vaginule, la supérieure emportée par
la jeune fleur deviendra la coiffe ; la coiffe affecte deux
formes différentes : la forme de mitre (pl. XXXIII, fig. 3)
et celle d'un capuchon ou dimidiée (pl. XVII, fig. 2).

Lorsque la fleur femelle est arrivée à son entier déve-
loppement, elle présente un support plus ou moins
allongé nommé pédicelle, au-dessus du pédicelle une
petite urne appelée capsule ; la capsule se compose à la
base d'une portion pleine plus ou moins allongée, nommée
apophyse ; la paroi interne de la capsule est occupée par
le sporange qui renferme les spores ; au centre se trouve
une petite colonne qui traverse la capsule, c'est la colu-
melle. Au sommet, la capsule est fermée par un couvercle
nommé opercule ; cet opercule est hémisphérique, ex.
Funaire hygrométrique ; mamillaire, ex. : Hypne Cyprès ;

conique, ex : Fontinale antipyrétique, Leucodon queue
d'écureuil ; rostré, ex. : Eurhynque allongé, Rhynchostège des murs ; le cercle plus ou moins large qui relie
l'opercule à la capsule se nomme anneau. La capsule,
après la chute de l'opercule, présente un orifice nu ou
muni d'une ou de deux rangées de dents. Ces dents cons-
tituent le péristome, qui dans le premier cas est simple
et dans le deuxième double. Dans le péristome double,
les divisions externes se nomment dents, les divisions
internes se nomment cils ou processus, ces cils sont
souvent accompagnés de filaments (cilioles) au nombre
de 2-3, dépourvus ou munis d'appendice au sommet
(pl. LXXI, fig. 4).

Deux botanistes ont étudié les mousses de l'Yonne :

1° M. Laurent-Germain Mérat, pharmacien à Auxerre,
mort en 1790 ;

2° M. Déy.

Mérat, dans son *Histoire des Plantes qui croissent dans
le comté d'Auxerre et dans les environs*, terminé en 1778,
cite quatre-vingt-neuf espèces de mousses, parmi lesquelles on peut signaler les suivantes : Cryphæa heteromalla ; Neckera pennata ? Fontinalis squammosa ?
Splachnum ampullaceum ; Buxbaumia aphylla ; Mnium
pellucidum ; Webera annotina ? carnea ? Plagiothecium
undulatum ? Pterogophyllum lucens ? Hilocomium loreum ; Scleropodium illecebrum ?

Parmi ces espèces, les unes sont rares ; les autres,
suivies d'un point d'interrogation, n'ont pas été retrou-
vées. Il est très regrettable que, pour ces mousses, Mérat
n'ait donné aucun nom de localité, ainsi qu'il l'avait fait
pour les plantes phanérogames.

M. Déy, dans les tomes VI et VIII du *Bulletin de la Société des sciences de l'Yonne*, a publié le *Synopsis des Mousses du Département*. Ce Synopsis contient quatre-vingt-onze espèces. Nous regrettons que l'auteur de ce travail consciencieux se soit arrêté au milieu de sa tâche, car nous y avons puisé bien des renseignements et beaucoup d'indications précieuses.

Je saisis ici l'occasion d'adresser mes remerciements à M. Bescherelle, qui a bien voulu apporter son contrôle pour la plupart des espèces citées dans ce travail.

EXPLICATION DES SIGNES ET DES ABRÉVIATIONS.

—

! **SIGNE DE CERTITUDE** — Après l'indication d'une localité, ce signe indique que nous avons trouvé la plante nous-même ; après un nom propre, il signifie que nous avons vu des échantillons authentiques de la plante trouvée par le botaniste cité.

C. C. C. — Très-vulgaire, partout et très-abondant.

C. C. — Très-commun, répandu dans tout le département.

C. — Commun dans tout le département.

A. C. — Assez commun, fréquent dans un certain nombre de localités ou se rencontrant çà et là dans toutes les régions.

A. R. — Assez rare.

R. — Rare.

R. R. — Très-rare.

R. R. R. — Très-rare et peu abondant à la localité indiquée.

———

CLEF ANALYTIQUE DES FAMILLES

16 { Dents du péristome plus ou moins contournées en spirale. .
. . . . (*Trichostomées*).
Non . . . . (*Grimmiées*).

17 { Plante aquatique croissant sur les pierres, les roches, les
vieux troncs . . . . (*Cinclidotées*).
Plante non aquatique. 18

18 { Péristome nul 19
Péristome simple ou double 22

19 { Feuilles lancéolées linéaires 20
Feuilles ovales aigues 21

20 { Capsule mûre striée, plante croissant sur les arbres . .
. . . . (*Zygodontées*).
Capsule mûre lisse, plante croissant sur la terre . (*Weisiées*).

21 { Feuilles sans nervures. . . . . (*Hedwigiées*),
Feuilles nerviées . . . . (*Pottiées*).

22 { Péristome simple ; capsule dressée ou inclinée 23
Péristome double ; capsule souvent pendante 29

23 { Capsule arrondie turbinée à la maturité ; plante très petite,
d'aspect noirâtre . . . . (*Seligériées*).
Capsule ovale ou cylindrique ; plante verte 24

24 { Péristome à 32 dents allongées, libres ou soudées à la base. .
. . . . (*Trichostomées*).
Péristome à 16 dents 25

25 { Dents du péristome bifides. 26
Dents du péristome entières 28

26 { Opercule à bec court . . . . (*Cératodontées*).
Opercule à bec allongé. 27

27 { Plante verte. . . . . (*Dicranées*).
Plante blanchâtre, glauque . . . . . (*Leucobryées*).

28 { Feuilles lancéolées linéaires. . . . . . . (*Weisiées*).
Feuilles ovales . . . . (*Pottiées*).

29 { Capsule sillonnée . . . . (*Aulacomiées*).
Capsule non sillonnée . . . . (*Bryées*).

30 { Feuilles disposées sur 3 rangs le long de la tige (*Fontinalées*).
Feuilles disposées sur 2 rangs ou imbriquées de toutes parts . 31

31 { Feuilles disposées sur 2 rangs 32
Feuilles imbriquées de toutes parts. 34

32 { Feuilles exactement distiques ; péristome simple. . . . .
. . . . (*Fissidentées*)
Feuilles déjetées de chaque côté de la tige ; péristome double. 33

33 { Feuilles sans nervure, ondulées ; pédicelle court (*Neckérées*) .
Feuilles nerviées, lisses ; pédicelle allongé . . (*Homaliées*).

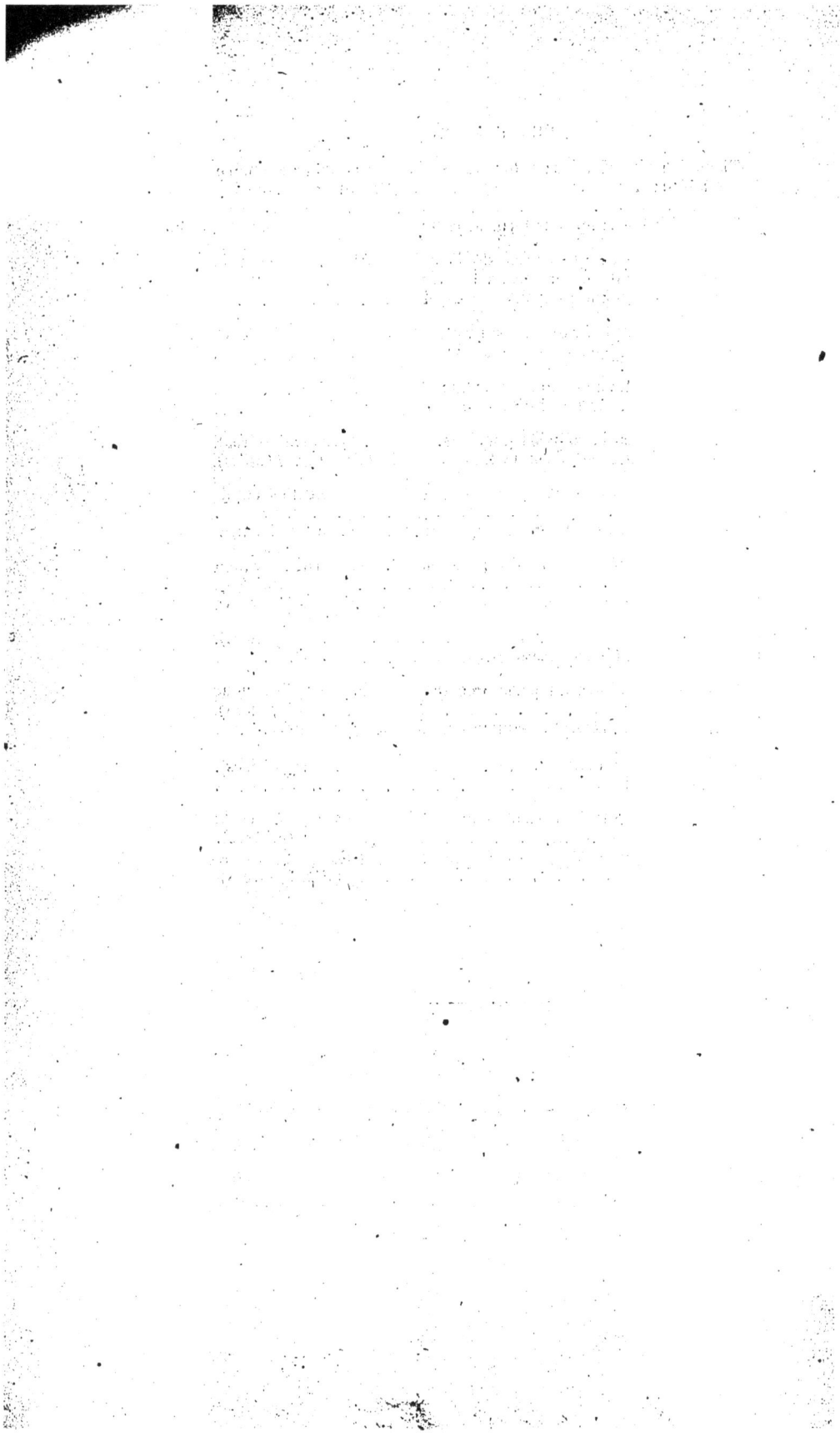

CATALOGUE MÉTHODIQUE ET RAISONNÉ

DES PLANTES

Qui croissent naturellement dans le département de l'Yonne.

DEUXIÈME PARTIE

MOUSSES.

SECTION I.

MOUSSES ACROCARPES

ORDRE I.

CLEISTOCARPES

Capsule dépourvue d'opercule, irrégulièrement déhiscente à la maturité.

FAM. I. — ÉPHÉMERÉES

1	Coiffe campanulée.	*Ephemerum* (1).
	Coiffe dimidiée.	*Ephemerella* (2).

Genre I. — **EPHEMERUM** Hampe, Éphémère.

(Ephémeros, d'un jour, éphémère ; allusion à la très courte durée des plantes de ce genre).

Plantes croissant sur des filaments cloisonnés rameux confervoïdes, très petites, aggrégées, acaules ; feuilles formées de cellules très grandes, transparentes, rhomboïdales ou héxagonales.

1. — 1. E. SERRATUM Schimp. — Ephémère dentelée. — *Phascum* Schreb.; *Ph. stoloniferum* Dicks.

Plante d'un vert foncé ; feuilles dressées, ovales, aiguës, irrégulièrement et profondément dentées, sans nervure ; capsule d'un beau rouge à la maturité ; spores $0^{mm}070$. — Sur la terre sablonneuse, argileuse, humide. — Venoy! Bleigny! Saint-Georges! Forêt d'Othe! — A. R. ☉. — Hiver.

Genre II. — **EPHÉMÉRELLA** Muller, Ephémérelle.

(Diminutif de Ephemerum).

Filaments rameux diaphanes ; réseau des feuilles serré ; coiffe dimidiée.

2. — 1. E. RECURVIFOLIA Schimp. — Ephémèrelle à feuilles recourbées.— *Phascum recurvifolium* Dicks.; *Ephemerum pachycarpum* Hampe.

Plantes aggrégées d'un vert foncé; tiges très courtes ; feuilles lancéolées aiguës, dentées au sommet, mucronées par le prolongement de la nervure ; capsule brune ; spores 0 ^{mm} 070. — Sur la terre argileuse humide. — Saint-Georges ! — R. ☉. — Printemps.

Fam. II. — PHASCÉES

1	Plante pourvue d'une tige distincte. . . • . . . *Phascum* (iii).	
	Plante gemmiforme, tige presque nulle	2
2	Capsule entourée par 10-15 feuilles. . . . *Microbryum* (i).	
	Capsule entourée par 2-3 feuilles . . . . . *Sphærangium* (ii).	

Genre I. — **MICROBRYUM** Schimper, Petitbry.
(Micros, petit, bruon, mousse, petite mousse).

Plantes de 2 à 4 millimètres, dressées, aggrégées ou solitaires, gemmiformes, d'un vert foncé ; feuilles oblongues entières aiguës, conniventes par la sécheresse, nervure robuste rouge traversant la feuille, cellules tétragones ; anthéridies rouges placées dans l'aisselle des feuilles ; capsule ovale terminée en pointe obtuse, coiffe dressée profondément plurilobée ; spores 0 ^{mm} 025.

3. — 1. M. FLŒRKEANUM Schimp. — Petit bry de Floërk. — *Phascum* Web. et Mohr. — Sur les chemins, les

talus des fossés des bois sablonneux. — Perrigny !
Charbuy ! Forêt d'Othe ! — Automne, hiver.

Genre II. — **SPHÆRANGIUM** Schimp, Sphérange.

(Sphaira, sphère, aggos, vase ; allusion à la forme sphérique de la capsule.)

Plante aggrégée d'un vert pâle, gemmiforme ; tige
simple ; 6 à 7 feuilles ovales arrondies, mucronées,
les deux supérieures une fois plus grandes, profondément concaves, enveloppant la capsule ; nervure
traversant la feuille ; réseau irrégulièrement hexagonal ; capsule arrondie, rougeâtre, presque sessile ;
spores 0 ^{mm} 035.

4. — 1. S. MUTICUM Schimp. — Sphérange mutique. —
Phascum Schreb. ; *Ph. acaulon* b L. ; *acaulon*
Muller. — Sur la terre dénudée, dans les champs
sablonneux, argileux, humides. — Perrigny ! Saint-
Georges ! etc. — A. R. — Hiver, printemps.

> Obs. — Cette plante, malgré l'exiguité de sa taille, se distingue facilement
> par ses feuilles supérieures disposées en cône.

Genre III. — **PHASCUM** L., Phasque.

(Phascon, petite plante).

Tige simple ou rameuse ; fleurs monoïques ; capsule
pédicellée, arrondie ou ovale apiculée, coiffe dimidiée.

1	Pédicelle inclus dans les feuilles. . . . . *P. cuspidatum* (1).	
	Pédicelle exsert	2
2	Capsule globuleuse ; pédicelle arqué . . *P. curvicollum* (3).	
	Capsule ovale oblongue ; pédicelle dressé. . *P. bryodes* (2).	

5. — 1. P. CUSPIDATUM Schreb. — Phasque cuspidé. —
Plante en petite touffe lâche d'un vert terne ; tige
simple ou rameuse ; feuilles ovales oblongues cuspidées par le prolongement de la nervure ; capsule
renfermée dans les feuilles, rarement exerte ; spores

0 mm 025 ; monoïque ; fleur mâle gemmiforme placée à la base de la tige ou des rameaux.

Var. b *macrophyllum*, feuilles supérieures allongées flexueuses.

Var. c *Schreberianum*, tige rameuse bisannuelle ; feuilles supérieures étalées ; capsule exserte.

Var. d *piliferum*, feuille terminée par une pointe atteignant la moitié de sa longueur ; pédicelle inclus arqué.

Sur la terre humide, prairies artificielles, jardins, bords des routes, champs incultes. — C. C. ① et ②. — Hiver.

6. — 2. P. BRYODES Dicks. — Phasque faux bry.

Plante en touffe d'un vert clair ; tige simple ou rameuse ; feuilles inférieures courtes décolorées, les supérieures oblongues, brusquement cuspidées par le prolongement de la nervure, à bords enroulés, excepté à la base ; capsule exserte oblongue terminée par une pointe obtuse oblique ; coiffe brunâtre recouvrant environ la moitié de la capsule ; monoïque ; fleur mâle gemmiforme. — Sur la terre argileuse humide. Champs incultes, prairies artificielles.— A. C. — Printemps.

7. — 3. P. CURVICOLLUM Hedw. — Phasque curvicole.

Plantes aggrégées rarement solitaires, d'un brun foncé ; tige simple courte dressée ; feuilles ovales aiguës et lancéolées, acuminées, à bords enroulés, toutes terminées par une pointe formée par le prolongement de la nervure ; cellules très petites arrondies ; capsule ovale globuleuse, pédicelle en cou de cygne, coiffe blanche ; spores anguleuses 0 mm 015 ; monoïque ; fleurs mâles nues dans l'aisselle des feuilles périchétiales. — Sur la terre nue, bois, bords des chemins, carrières. — Auxerre ! Mailly-la-Ville ! Bazarnes ! — R. — Printemps.

Fam. III. — PLEURIDIÉES

Genre I. — **PLEURIDIUM** Brid., Pleuridie.

(Pleuridia, costal ; allusion à l'insertion des pédicelles qui semble
latérale après la naissance d'un rameau).

Plantes annuelles simples ou émettant un rameau
filiforme un peu au-dessous du sommet après la
maturité du fruit ; capsule presque sessile, ovale,
globuleuse, brièvement apiculée ; coiffe dimidiée.

1 {
Plante couchée émettant souvent un rameau filiforme ; fleur
mâle axillaire . . . . *P. alternifolium* (3).
Plante dressée émettant rarement un rameau ; fleur mâle
hypogyne. 2

2 {
Nervure n'atteignant pas le sommet de la feuille . . . . .
plante fructifiant à l'automne. . . . . *P. nitidum* (1).
Nervure atteignant le sommet de la feuille . . . .
plante fructifiant au printemps. . . . *P. subulatum* (2).

8. — 1. P. NITIDUM Br. et Schimp. — Fleuridie brillante. —
Phascum Hedw.; *Ph. axillare* Dicks; *Astomum nitid.*
Hampe.

Plantes aggrégées d'un vert pâle ; tige simple produi-
sant quelquefois un rameau filiforme à la base du
fruit ; feuilles lancéolées linéaires obscurément
denticulées au sommet ; capsule ovale arrondie d'un
brun pâle renfermée dans les feuilles supérieures ;
spores 0 ^{mm} 018. — Talus des fossés dans les bois
sablonneux humides. —Bois de Jonches à Auxerre !
forêt d'Othe ! — A. R. — Automne.

9. — 2. P. SUBULATUM Br. et Schimp. — Pleuridie subulée.—
Phascum L.; *Astomum* Hampe.

Plante en touffe d'un vert jaunâtre, soyeuse ; tige
simple courte ; feuilles entières, les supérieures
longuement subulées, souvent tournées du même
côté ; capsule arrondie conique ; spores 0 ^{mm} 025.
— Champs, bruyères, clairières des bois sablonneux.
— C. — Printemps.

10. — 3. P. ALTERNIFOLIUM Br. et Schimp. — Pleuridie à feuilles alternes. — *Astomum* Hampe.

Plante en touffe d'un vert pâle ; feuilles embrassantes concaves, arquées, étalées, terminées par une pointe plus longue que le limbe ; capsule ovale. — Dans les champs sablonneux, argileux, humides. — Appoigny ! ⊛. — Printemps.

Fam. IV. — ARCHIDIÉES

Genre **ARCHIDIUM** Brid., Archidie.

11. — 1. A. ALTERNIFOLIUM Schimp. — Archidie à feuilles alternes. — *Phascum* Dicks.; *Ph. Bruchii* Spreng.; *Archidium phascoïdes* Brid.

Plante vivace en petite touffe d'un vert foncé ; tige émettant un rameau au-dessous du sommet ; feuilles lancéolées aiguës, celles des rameaux très espacées ; nervure atteignant le sommet de la feuille, réseau des feuilles serré, formé de cellules allongées irrégulièrement hexagonales ; capsule ronde cachée dans les feuilles, spores peu nombreuses, 15-20. 0^{mm}125. Sur la terre sablonneuse humide.— A. C. R. en fruits. — Printemps.

ORDRE II.

—

STÉGOCARPES

Capsule déhiscente.

Fam. V. — WEISIÉES

1 {	Capsule presque sessile incluse	*Systegium* (i).
	Capsule pédicellée exserte.	2
2 {	Péristome nul	*Gymnostomum* (ii).
	Un péristome.	*Weisia* (iii).

Genre I. — **SYSTEGIUM** Schimp., Systégie.

(Sun, avec, stégè, toit ; allusion à la capsule munie d'un opercule persistant).

Feuilles opaques ; capsule presque toujours indé-hiscente, péristome nul, coiffe dimidiée.

12. — S. CRISPUM Schimp. — Systégie crispée. — *Phascum* Hedw ; *Astomum* Hampe.

Plante en touffe serrée d'un vert foncé ; tige rameuse dressée ; feuilles de la tige lancéolées arquées, éta-lées, celles du sommet agglomérées, linéaires, ner-vure robuste traversant la feuille, réseau formé de cellules carrées et rectangulaires ; capsule ovale arrondie, mucronée ; spores brunes $0^{mm}015$. — Sur la terre calcaire et argileuse. — Venoy ! Bazar-nes ! — R. ♃. — Printemps.

Genre II. — **GYMNOSTOMUM** Schimp., Gymnostôme.

(Gumnos, nu, stoma, bouche ; allusion à la capsule dépourvue de péristome).

Capsule déhiscente fermée en partie par une mince membrane ; péristome nul, coiffe dimidiée.

1 { Tige rameuse ; plante des roches calcaires. . *G. tortile* (1).
Tige ordinairement simple ; plante des lieux sablonneux ou granitiques . . . . *G. microstomum* (2).

13. — 1. G. MICROSTOMUM Hedw. — Gymnostome à bouche étroite. — *Hymenostomum microstomum*, R. Br.

Plante en touffe serrée d'un vert pâle ; feuilles lan-céolées, mucronées, concaves, non canaliculées, à bords recourbés, nervure dépassant la feuille ; capsule oblongue cylindracée pédicellée, opercule subulé arqué, membrane large percée d'un orifice très étroit ; spores $0^{mm}018$. — Sur la terre sablon-neuse ou granitique. — A. C. — Printemps.

14. — 2. G. TORTILE Schwæg. — Gymnostôme tortile. — *G. condensatum* Voit.; *Hymenostomum* Br. et Sch.; *Weisia tortilis* C. Muller.

Plante en touffe serrée d'un vert foncé ; feuilles oblongues un peu mucronées, concaves, canaliculées à
bords recourbés, nervure large traversant la feuille,
blanche dans les jeunes feuilles, brune dans les
anciennes ; capsule ovale pédicellée, opercule conique obtus, membrane étroite percée d'une large
ouverture ; spores 0 ^{mm} 010. — Sur les rochers calcaires, couverts de terre. — Vaux ! Mailly-Château !
Saint-Moré ! etc. — A. C. — Printemps.

Genre III. — **WEISIA** Hedw., Weisie.

(Dédié au Muscologe Weis).

Feuilles linéaires lancéolées plus ou moins crispées
par la sécheresse, à cellules carrées ou rectangulaires ; capsule ovale ou oblongue pédicellée, péristome muni de 16 dents entières ou tronquées.

1 {
Plante petite peu crispée par la sécheresse, terrestre . . . .
. . . . *W. viridula* (1).
Plante robuste très crispée par la sécheresse, rupestre . . . .
. . . . *W. cirrhata* (2).

15. — 1. W. VIRIDULA Brid. — Weisie verdoyante. — *W.
controversa* Hedw.; *Grimmia controversa* Web. et
Mohr.; *Bryum virens* Dicks.

Plante en touffe compacte d'un vert gai ; tige souvent
simple ; feuilles supérieures lancéolées linéaires,
élargies à la base, enroulées au sommet, les périchétiales non engaînantes, nervure traversant la
feuille ; capsule ovale, péristome à base rouge ;
Spores 0 ^{mm} 012. — Sur la terre sablonneuse, bords
des bois, talus des fossés. — C. C. — Printemps.

Très facile à confondre avec Gymnostomum microstomum, dont elle diffère
par sa capsule ovale, son péristome à base rouge, visible à la loupe, même au
travers l'opercule.

16. — 2. W. CIRRHATA Hedw. — Weisie frisée. — *Grimmia*
Web et Mohr.; *Blindia* Muller.

Plante en touffe d'un vert jaunâtre au sommet, rougeâtre à la base ; tige rameuse ; feuilles supérieures lancéolées linéaires, concaves à bords enroulés, les périchétiales engaînantes, nervure n'atteignant pas le sommet de la feuille ; capsule oblongue cylindracée, péristome pourpre. Spores 0 ^{mm} 015. — Sur les rochers siliceux couverts de terre.— Thureaux du Bard et de Saint-Denis ! forêt d'Othe ! — Hiver.

Fam. VI. — DICRANÉES

1	Pédicelle en cou de cygne : nervure occupant environ le tiers de la feuille . . . . *Campylopus* (iv).	
	Pédicelle dressé ; nervure étroite	2
2	Péristome souvent irrégulier, dents inégalement fendues . . . . *Cynodontium* (i).	
	Péristome régulier, dents fendues également.	3
3	Plante petite ; capsule 1 à 2 fois aussi longue que large. . . . . *Dicranella* (ii).	
	Plante robuste ; capsule 3 à 4 fois aussi longue que large . . . . *Dicranum* (iii).	

Genre I. — **CYNODONTIUM** Br. et Schimp., Cynodon.

(Kuòn, chien, odous, dent ; allusion à la forme des dents du péristome).

Fleurs monoïques : feuilles crispées par la sécheresse, cellules des feuilles carrées au sommet, celles de la base hexagonales.

17. — 1. CYNOD. BRUNTONI Br. et Schimp. — *Cynodon* de Brunt.— *Dicranum* Smith.; *Didymodon* Arnott.; *Didymodon obscurum* Kaulf.; *Trichostomum obscurum* De Not.

Plante en touffe d'un vert terne, molle ; tige rameuse radiculeuse ; feuilles lancéolées linéaires, concaves, enroulées sur les bords, nervure traversant la feuille ; capsule brune, pédicelle blanchâtre, opercule conique un peu arqué ; spores 0 ^{mm} 012. — Fissures des rochers granitiques. — Avallon ! — R. ♃. — Printemps.

Genre II. — **DICRANELLA** Schimp., Dicranelle.
(Diminutif de Dicranum).

Fleurs dioïques, rarement monoïques ; cellules oblongues hexagonales au sommet de la feuille, rectangulaires à la base de la feuille ; péristome très
grand.

{ Opercule muni d'une pointe aussi longue que la capsule . . . . *D. heteromalla* (2). 2
1 { . . . . *D. heteromalla* (2). 2
{ Opercule muni d'une pointe moitié de la longueur de la
capsule . . . . *D. varia* (1).

18. — 1. D. VARIA Schimp. — Dicranelle variable.— *Dicranum varium*, Hedw.; *D. rigidulum* Swartz.; *D. cal-
listomum* Dicks ; *Angstrœmia varia* Mull.

Plante agrégée ou solitaire, verte ou rougeâtre ; tige
simple ou rameuse au sommet, dressée ; feuilles
oblongues subulées, nervure traversant la feuille ;
capsule ovale rouge, de forme variable, souvent
étranglée sous le péristome, péristome presque aussi
long que la capsule ; spores $0^{mm}012$. — Sur la
terre nue argileuse, sablonneuse ou calcaire. — A. C.
— Automne et hiver.

19. — 2. D. HETEROMALLA Schimp. — Dicranelle unilatérale. — *Dicranum heteromallum* Hedw.; *Angstrœmia heteromalla* Mull.

Plante en touffe soyeuse, compacte, d'un beau vert ;
tige simple ou presque simple, dressée ; feuilles
linéaires entières, les supérieures dirigées du même
côté, nervure traversant la feuille ; capsule oblongue,
péristome beaucoup plus court que la capsule.
Spores $0^{mm}012$. — Sur la terre sablonneuse et
granitique. — C. C. — Hiver.

Genre III. — **DICRANUM** Hedw., Dicrane.

(Dicranos à deux têtes, fourchu; allusion aux dents bifides du péristome).

Fleurs monoïques ou dioïques ; tiges souvent tomenteuses ; cellules des feuilles linéaires, carrées aux angles.

1	Capsule dressée . . . . *D. fulvum* (1).
	Capsule penchée **2**

2	Feuilles ondulées transversalement. **3**
	Feuilles caniculées non ondulées . . . *D. scoparium* (2).

3	Plusieurs fruits naissant du même périchète. *D. undulatum* (4).
	Fruit solitaire . . . . *D. palustre* (3).

20. — 1. D. FULVUM Hook. — Dicrane fauve. — *D. interruptum* Brid.

Plante en petite touffe d'un vert noir ou olive ; tige rameuse couchée, puis redressée, tomenteuse ; feuilles lancéolées longuement subulées, dentées au sommet ; capsule cylindrique ; spores 0 ^{mm} 015. — Sur les roches siliceuses ou granitiques. — Forêt d'Othe ! Avallonnais. — R. — Fin de l'été.

Fructifie rarement.

21. — 2. D. SCOPARIUM Hedw. — Dicrane à balai. — *Bryum scoparium* L.; *B. reclinatum* Dill.

Plante en touffe compacte d'un vert jaune ; tige rameuse dressée flexueuse, tomenteuse à la base ; feuilles falciformes, les supérieures dirigées du même côté ; capsule cylindrique, arquée à la maturité, pédicelle rouge ; spores 0 ^{mm} 016. — Sur la terre humide des bois, écorce des arbres, toits de chaumes. — C. C. C. — Eté.

V. b *orthophyllum*, feuilles supérieures dressées non tournées du même côté.

V. c *recurvatum*, plante d'un vert foncé ; tige géniculée ascendante.

22. — 3. D. PALUSTRE La Pyl. — Dicrane des marais. — *D. Bonjeani* de Not.

Plante en touffe molle et profonde, d'un vert terne ; tige tomenteuse souvent terminée par un rameau grêle ; feuilles étalées un peu ondulées ; capsule

oblongue inclinée, arquée, pédicelle rouge à la base.
— Tourbières. — C.— Eté.

Fructifie rarement.

23. — 4. D. UNDULATUM Br. et Sch. — Dicrane ondulé. —
D. rugosum Brid.

Plante en touffe serrée, d'un beau vert brillant ; tiges
dressées souvent rameuses au sommet, tomenteuses;
feuilles planes, lancéolées, ondulées, étalées *réflé-*
chies ; les supérieures dressées conniventes ; capsule
cylindrique arquée, pédicelle rose. — Dans les bois
sablonneux, humides. — Auxerre ! Chemilly ! Perrigny ! — A. C. — Été.

Fructifie rarement.

Genre IV. — **CAMPYLOPUS** Brid., Campylope.

(*Campulé*, courbe, *pous*, pied ; allusion à la forme du pédicelle courbé).

Fleurs dioïques ; capsule portée par un pédicelle recourbé en cou de cygne ; coiffe dimidiée ciliée à la
base ; nervure des feuilles très large.

1 { Feuille terminée par un poil diaphane denticulé. . . . . .
. . . . *C. longipilus* (3).
Feuille terminée par une pointe verte lisse ou obscurément
dentée. 2

2 { Plante rougeâtre à la base ; feuille obscurément dentée au
sommet. . . . . *C. flexuosus* (1).
Plante blanchâtre à la base ; feuille lisse . . *C. fragilis* (2).

24. — 1. C. FLEXUOSUS Brid. — Campylope flexueux. —
Bryum flexuosum L.; *dicranum* Hedw.

Plante en tapis lâche, d'un vert terne ; tige dressée
rougeâtre, rameuse; feuilles subulées non caduques, vertes à la base, les supérieures souvent tournées du même côté ; capsule oblongue. — Sur la
terre sablonneuse ou granitique. — A. C. — Printemps.

Fructifie très rarement.

Obs. — Je l'ai rencontrée une fois en fructification sur l'ancien chemin d'Avallon à Marrault.

25. — 2. C. FRAGILIS Br. et Schimp. — Campylope fragile.
— *Bryum fragile* Dick.; *Dicranum densum* Funk; *D. Funkii* Mull.

Plante en touffe serrée, soyeuse, d'un beau vert; tige
dressée rameuse, rameaux fragiles au moindre choc;
feuilles lancéolées, blanches à la base, caduques. —
Sur la terre sablonneuse ou granitique. — A. C. —
Printemps.

Toujours trouvée stérile.

26. — 3. C. LONGIPILUS Brid. — Campylope à longue soie.
— *Dicranum longipilum* C. Mull.

Plante en touffe d'un vert foncé au sommet, très brune
à la base; tige dressée rameuse; nervure des feuilles
très large occupant plus de la moitié du limbe. —
Sur la terre sablonneuse et granitique.

Stérile.

Fam. VII. — LEUCOBRYÉES

Genre I. — **LEUCOBRYUM** Hampe, Leucobry.

(Leucos, blanc, bruon, mousse; allusion à la couleur de la plante).

27. — 1. L. GLAUCUM Schimp. — Leucobry glauque. —
Bryum L.; *Dicranum* Hedw.

Plante en touffe épaisse, glauque, spongieuse, dioïque;
tige de 3 à 15 centimètres, dressée, rameuse; feuilles
ovales, oblongues, semi-amplexicaules à marges enroulées au sommet; capsule brune, penchée, arquée,
bossue à la base, coiffe blanche horizontale, opercule subulé de même longueur que la capsule,
péristome pourpre; spores 0 ^{mm} 018. — Sur la
terre, dans les bois humides, principalement sablonneux.— A. R. en fructification. —Auxerre! Avallon!
— Hiver.

Fam. VIII — FISSIDENTÉES

Genre 1. — **FISSIDENS** Hedw., Fissident.

(**Fissus**, fendu, dens, dent ; allusion à la forme des dents du péristome).

Feuilles distiques pourvues à la base d'une lame engaînante ; coiffe dimidiée ; péristome à 16 dents bifides, géniculées, conniventes.

1	Fruit terminal.	3
	Fruit latéral ou basilaire	2
2	Fruit basilaire.	*F. taxifolius* (4).
	Fruit latéral	*F. adranthoïdes* (5).
3	Feuille complétement entourée d'un rebord	*F. bryodes* (1).
	Feuille sans rebord ou incomplétement bordée.	4
4	3 à 5 feuilles à la tige	*F. exilis* (2).
	Feuilles nombreuses.	*F. incurvus* (3).

28. — 1. F. BRYODES Hedw. — Fissident, faux bry. — *Dicranum* des auteurs.

Plantes humbles, agrégées, d'un vert terne ; tige simple dressée ou couchée à la base ; feuilles entières apiculées ; capsule dressée ovale ; pédicelle rouge oblique ; spores 0 ^{mm} 020 ; fleurs mâles axillaires. — Sur la terre sablonneuse, argileuse, humide, chemins de bois, taillis. — C. — Hiver.

29. — 2. F. EXILIS Hedw. — Fissident petit. — *F. Bloxami* Wils.; *Dicranum viridulum* Smith.; *Bryum viridulum* Dick.

Très petite plante ; tige simple dressée ; 3 à 5 feuilles dentées crénelées, dépourvues de rebord ; fleurs mâles basilaires. — Sur la terre humide. — Bois du parc à Mailly-le-Château ! Saint-Georges ! — R. — Hiver.

30. — 3. F. INCURVUS Schwœg. — Fissident penché. — *F. viridulus* Wils.; *Dicranum incurvium* W. et M.

Tige plus ou moins longue, simple ou rameuse ; feuilles entières non bordées au sommet ; capsule ordinairement penchée sur le pédicelle; fleurs mâles terminales. — Sur la terre sablonneuse, argileuse, humide, ombragée. — Saint-Georges! Venoy! — R. — Hiver.

31. — 4. F. TAXIFOLIUS Hedw. — Fissident à feuille d'If. — *Hypnum taxifolium* L.; *Dicranum* Swartz.

Plante en touffe souvent rougeâtre; tige rameuse; feuille sans rebord, entières, mucronées par le prolongement de la nervure; capsule brune, ovale, penchée. — Sur la terre argileuse ombragée; bois, bords des ruisseaux. — A. C. — Automne.

32. — 5. F. ADIANTHOIDES Hedw. — *Hypnum* L.; *Dicranum* Swartz.

Plante en touffe serrée; tige rameuse, radiculeuse; feuilles dentées à la partie supérieure, non bordées; nervure n'atteignant pas le sommet; capsule penchée.— Lieux ombragés et tourbeux, sur les vieilles souches. — A. C. — Hiver.

Fam. IX. — SÉLIGÉRIÉES

Genre I. — **SELIGERIA** Br. et Schimp., Séligérie.
(Dédié à Seliger).

Très petites plantes hautes de quelques millimètres; feuilles linéaires, cellules carrées et rectangulaires; capsule subglobuleuse, turbinée, pédicelle droit où arqué, coiffe dimidiée, péristome à 16 dents orangées, entières.

1 { Pédicelle arqué; opercule à bec droit. . . *S. recurvata* (3).
{ Pédicelle droit; opercule à bec oblique. **2**

2 { Feuilles supérieures cuspidées par la nervure. *S. pusilla* (1).
{ Feuilles supérieures mutiques . . . . *S. calcarea* (2).

33. — 1. S. PUSILLA Br. et Schimp. — Séligérie fluette. — *Grimmia* Web. et Mohr.; *Weisia* Hedw.

Très petite plante d'un vert gai ; tige simple ou peu rameuse ; feuilles lancéolées, aiguës, obscurément dentées, nervure dépassant la feuille, excepté dans les feuilles périchétiales ; capsule et pédicelle dressés. — Sur les roches calcaires ombragées couvertes de terre. — Bois du parc à Mailly-le-Château ! — R. — Automne.

34. — 2. S. CALCAREA Br. et Schimp. — Séligérie des Calcaires. — *Grimmia* Smith.; *Weisia* Hedw.; *Bryum calcareum* Dicks.

Plantes hautes de 3 millimètres environ, en tapis, d'un vert foncé noirâtre ; feuilles ovales, oblongues, subulées, obtuses, entières, concaves, nervure large disparaissant dans la pointe opaque ; capsule et pédicelle dressés, opercule aplati, péristome rouge ; spores 0 ^{mm}102. — Sur les pierres, les roches calcaires humides. — Saut du Mercier, ravin de Morinfroid à Auxerre ! chemins creux de la côte Saint-Jacques à Joigny ! anciennes carrières de la montagne Saint-Bon à Sens ! — R. — Hiver, printemps.

35. — 3. S. RECURVATA Br. et Schimp. — Séligérie recourbée. — *Grimmia recurvata* Hedw.; *Weisia* Brid.

Plante très petite, très semblable à la petite séligérie, dont elle diffère par son pédicelle recourbé, flexueux à l'état humide, par sa capsule peu ou point turbinée. — Sur les pierres calcaires à Merry-sur-Yonne, (Déy) ! — Printemps.

FAM. X. — POTTIÉES

3 {
Péristome muni d'une membrane basilaire ; plante verte . . .
. . . . *Anacalypta* (ii).
Pas de membrane basilaire ; plante rougeâtre. *Didymodon* (iii)
}

Genre I. — **POTTIA** Ehrh. Pottie.

Plantes annuelles ou bisannuelles; feuilles à réseau lâche ; capsule ovale dressée, exserte,* dépourvue de péristome, coiffe dimidiée.

1 {
Feuilles terminées par un poil . . . . . . *P. cavifolia* (1).
Feuilles non terminées par un poil 2
}

2 {
Capsule ovale tronquée, opercule à bec court. . . . . .
. . . . *P. minutula* (2).
Capsule ovale turbinée, opercule à bec allongé et oblique . .
. . . . *P. truncata* (3).
}

36. — 1. P. CAVIFOLIA Ehrh. — Pottie à feuilles concaves. — *Gymnostomum ovatum* Hedw.; *Bryum ovatum* Dicks.

Plante en petite touffe arrondie, souvent rougeâtre ; tige simple ou rameuse ; feuilles dressées, entières, conniventes, très concaves, nervure dilatée au milieu de la feuille; capsule ovale, opercule longuement rostré ; spores 0 ^{mm} 025. — Sur la terre argilo-calcaire, bords des routes, vieux murs, prairies artificielles. — C. C. — Hiver, printemps.

Obs. — Le docteur Schimper assure que la capsule de cette espèce est pourvue d'un péristome semblable à celui d'une barbule ; la constatation de ce fait est bien difficile, même avec un grossissement de 300 diamètres.

37. — 2. P. MINUTULA Br. et Schimp. — Pottie naine.

Petite plante agrégée, rougeâtre, haute de 4 à 5 millimètres ; feuilles spatulées, oblongues, cuspidées, à bords réfléchis, nervure rouge dépassant la feuille ; opercule aplati débordant la capsule; spores 0^{mm} 025. — Sur la terre argilo-calcaire, rochers. — Arcy ! Sens ! Saint-Moré ! — A. R. — Hiver.

38. — 3. P. TRUNCATA Br. et Schimp. — Pottie tronquée. — *Bryum truncatum* L. ; *Gymnostomum* Hedw.

Plante agrégée verte, haute de 8 à 10 millimètres ; feuilles oblongues mucronées, planes, les supérieures étalées en rosette ; opercule conique ;

spores 0^{mm} 020. — Dans les champs sablonneux. —
C. — Hiver.

Genre II. — **ANACALYPTA** Rœhl., Anacalypte.

(**Ana,** au-dessus, caluptô, je couvre; allusion à la coiffe placée au sommet
de la capsule).

Plantes annuelles ; peristome à 16 dents entières,
tronquées ou bifides, naissant d'une membrane
basilaire.

| | Opercule obtus conique. . . . . A. *Starkeana* (1). |
| | Opercule aigu rostré. . . . . A. *lanceolata* (2). |

39. — 1. A. STARKEANA Nées et Hornsch. — Anacalypte de
Stark. — *Weisia* Hedw. ; *Pottia* C. Mull.

Plante ordinairement isolée ; tige fructifiée simple,
haute de 4 millimètres ; feuilles ovales-oblongues à
bords recourbés, brièvement mucronées par la nervure excurrente ; péristome d'un blanc jaunâtre à
dents entières tronquées. — Sur la terre argilo-calcaire. — Chemilly ! — R. R. — Mars.

40. — 2. A. LANCEOLATA Rœhl. — Anacalypte lancéolée. —
Encalypta Hedw. ; *Grimmia* Smith. ; *Pottia* C.
Mull. ; *Bryum lanceolatum* Dicks.

Plante ordinairement agrégée, d'un beau vert ; tige
fructifiée simple ou rameuse, haute de 8 à 10 millimètres ; feuilles ovales, lancéolées, longuement cuspidées par la nervure excurrente ; peristome à dents
bifides. — Sur la terre sablonneuse humide. — C. —
Printemps.

Genre III. — **DIDYMODON** Hedw., Didymodon.

(**Didumos,** double, odous, dent; allusion aux dents du péristome fendues
presque jusqu'à la base).

Capsule cylindrique longuement pédicellée, péristome à 16 dents planes, profondément bifides,
coiffe dimidiée ; fleurs polygames et dioïques.

41. — 1. D. RUBELLUS Br. et Schimp.— Didymodon rougeâtre.

— *Grimmia rubella* Roth. ; *Weisia recurvirostra* Hedw. ; *Anacalypta recurvirostra* Nées.

Plante cespiteuse d'un vert foncé, rougeâtre à la base ; tige dressée, rameuse ; feuilles lancéolées, étalées, arquées, concaves à bords enroulés, nervure de la longueur de la feuille; opercule plus ou moins rostré, souvent oblique. — Sur les pierres, les rochers, les vieux murs couverts de terre. — Sur les pierres d'une fontaine près l'étang de Guilbaudon (Gurgy) ! — A. R. — Automne.

Genre IV. — **EUCLADIUM** Br. et Sch.. Euclade.

(Eu, bien, clados, rameau ; allusion à la ramification de la plante).

42. — 1. E. VERTICILLATUM Br. et Schimp. — Euclade verticillé. — *Bryum* L. ; *Grimmia verticillata* Turn. ; *Weisia verticillata* Brid.

Plante en touffe compacte d'un vert glauque, dioïque; tige dichotome fastigiée, rameuse ; feuilles étalées, linéaires, raides, à limbe rétréci brusquement dès la base, cellules carrées, rectangulaires à la base, nervure très large aussi longue que la feuille ; capsule oblongue pedicellée, opercule à bec subulé, coiffe dimidiée, dents du péristome obliques conniventes. — Fentes des rochers calcaires humides. — Vaux ! Bois du parc, le long du canal à Mailly-le-Château ! Grotte des Fées à Arcy ! — R. — Été.

Cette plante est assez abondante dans les localités citées, mais toujours stérile.

___

Fam. XI. — CÉRATODONTÉES

Genre I. — **CERATODON** Brid., Cératodon.

(Keras, corne, odous, dent; allusion à la forme des dents du péristome).

Capsule cylindracée pédicellée, striée, sèche, sillonnée ; péristome à 16 dents bifides presque jusqu'à la base : opercule conique, coiffe dimidiée.

43. — 1. C. PURPUREUS Brid. - Cératodon pourpre. — *Mnium purpureum* L. ; *Dicranum* Hedw.

Plante en touffe compacte souvent très étendue, verte ou rouge ; tige rameuse, rameaux 2 à 3 dressés ; feuilles lancéolées aiguës entières, carénées à bords enroulés, cellules toutes de même grandeur, nervure un peu moins longue que la feuille ; capsule dressée ou arquée, pédicelle rouge, péristome pourpre ; spores 0^{mm} 012. — Lieux sablonneux et granitiques, dans les bois, sur les murs. — C. C. C. — Printemps.

FAM. XII. — TRICHOSTOMÉES

1 {	Péristome à dents filiformes contournées en spirale. *Barbula* (iii)	
	Non	2

2 {	Feuilles soyeuses brillantes.	*Leptotrichum* (i).
	Feuilles opaques ternes	*Trichostomum* (ii).

Genre I. — **LEPTOTRICHUM** Hampe., Leptotric.,

(Leptos, grêle, trix, cheveu ; allusion aux dents filiformes du péristome).

Capsule pédicellée, dressée, rarement penchée, oblongue ou cylindrique, péristome à 32 dents filiformes, souvent inégales et réunies par paires, coiffe dimidiée ; feuilles linéaires, soyeuses, brillantes.

1 {	Pédicelle à peine aussi long que la tige . .	*L. flexicaule* (1).
	Pédicelle 5 à 6 fois plus long que la tige .	*L. pellidum* (2).

44. — 1. L. FLEXICAULE Hampe. — Leptotric flexueux. — *Cynodontium* Schwœgr.; *Didymodon* Brid. ; *Trichostomum* Br. et Sch.

Plante en touffe molle, souvent étendue, d'un beau vert ; tiges rameuses, effilées, radiculeuses ; feuilles lancéolées, presque toujours dirigées du même côté, nervure dépassant la feuille par une longue pointe. — Sur la terre argilo-calcaire, coteaux calcaires arides. — C. C. — Printemps.

Rencontrée toujours à l'état stérile.

45. — 2. L. PALLIDUM Hampe. — Leptotric pâle. — *Bryum* Schreb., *Trichostomum* Hedw.

Plante en touffe d'un vert jaune pâle ; tige courte, presque simple ; feuilles lancéolées, subulées, les supérieures souvent tournées dans le même sens, nervure excurrente ; capsule dressée oblongue, opercule conique obtus, dents du péristome presque égales, pédicelle d'un jaune très pâle. — Sur la terre sablonneuse ou granitique.—Bois de Jonches ! forêt d'Othe ! Avallon ! — A. C. — Printemps.

<small>Fructification abondante.</small>

Genre II. — **TRICHOSTOMUM** Hedw., Trichostome.

Capsule pédicellée, dressée à 32 dents souvent inégales, réunies par paires ; coiffe dimidiée ; feuilles crispées ou rigides, ni soyeuses ni brillantes.

1	Feuilles crispées par la sécheresse, les supérieures subitement plus grandes, étalées en rosettes	2
	Feuilles toujours rigides, insensiblement plus grandes de la base au sommet . . . . *T. rigidulum* (1).	
2	Feuilles oblongues élargies . . . . . *T. convolutum* (4).	
	Feuilles linéaires	3
3	Feuilles linéaires incurvées au sommet. . *T. crispulum* (3).	
	Feuilles linéaires recourbées au sommet. . *T. mutabile* (2).	

46. — 1. T. RIGIDULUM Smith. — Trichostome raide. — *Didymodon* Hedw.

Plante en touffe compacte, d'un vert brun ; **tige simple, dressée, rigide** ; feuilles étalées, entières, recourbées, à marges enroulées, nervure de la longueur de la feuille ; capsule cylindrique, dressée, opercule conique apiculé à pointe oblique, **pedicelle rouge** plus long que la tige ; spores 0^{mm} 010. — Sur les vieux troncs couverts de terre, sur la terre argileuse. — Bords du ru de Sinotte, Gurgy ! bords des chemins à Laborde ! Auxerre ! — R. — Hiver.

47. — 2. T. MUTABILE Br. et Scimp. — Trichostome variable. — *Brachydontium* Bruch. ; *Didymodon brachydontius* Wils.

Plante en touffe plane, d'un vert jaune au sommet ;
feuilles linéaires un peu enroulées à la marge, mucronées par la nervure excurrente. — Rochers
calcaires herbeux. — Mailly-le-Château ! Arcy ! —
Printemps.

Stérile.

48. — 3. T. CRISPULUM Bruch. — Trichostome crispé.
Plante en touffe compacte, d'un vert foncé ; feuilles
linéaires à marge plane, concaves, brièvement mucronées par le prolongement de la nervure. — Rochers calcaires arides. — Arcy-sur-Cure ! — Printemps.

Stérile.

49. — 4. T. CONVOLUTUM Brid. — Trichostome enroulé. —
Didymodon nervosus Hook.

Plante aggrégée d'un vert foncé ; tige simple dressée ;
feuilles oblongues, subspatulées, entières, concaves, à bords enroulés, mucronées, nervure plus
forte dans sa partie moyenne ; opercule terminé en
pointe arquée ; spores 0 ^{mm} 015. — Parois verticales
des roches siliceuses de l'Etroit à Appoigny ! ex-
position sud. — R. — Avril.

Genre III. — **BARBULA** Hedw., Barbule.

(Diminutif de barba, barbe ; allusion aux dents filiformes du péristome,
contournées comme les poils de barbe).

Capsule longuement pédicellée, péristome à 32 dents
filiformes, contournées en spirale de gauche à droite,
réunies à la base en une membrane basilaire plus
ou moins large, coiffe dimidiée.

1	Nervure des feuilles dilatée au milieu ou au sommet. . . .	2
	Nervure uniforme.	6
2	Feuille terminée par un poil. . . . . *B. membranifolia* (4).	
	Non	3
3	Feuille terminée par une pointe courbe. . *B. ambigua* (2).	
	Non	4

4 { Feuille obtuse . . . . *B. rigida* (1).
{ Feuille aiguë. . . . . *B. aloïdes* (3).

5 { Feuille terminée par un poil 6
{ Non 9

6 { Pédicelle 4 à 5 fois plus long que la tige , ... 7
{ Pédicelle de la longueur de la tige environ. 8

7 { Membrane basilaire large . . . . . *B. canescens.* (15).
{ Membrane basilaire très étroite. . . . . *B. muralis* (16).

8 { Poil hispide. . . . . *B. ruralis* (19).
{ Poil lisse . . . . *B. lævipila* (18).

9 { Feuilles ondulées flexueuses, blanches à la base, crispées par la
{ sécheresse 10
{ Feuilles ni ondulées, ni flexueuses, ni crispées en séchant . . 12

10 { Plante en touffe très compacte . . . . *B. inclinata* (12).
{ Plante en touffe molle 11

11 { Plante faible, haute de 10 à 15 millimètres . . . . . .
{ . . . . *B. cæspitosa* (11).
{ Plante robuste, haute de 20 à 30 millimètres au moins. . .
{ . . . . *B. tortuosa* (13).

12 { Feuilles obovales spatulées 13
{ Feuilles lancéolées linéaires 14

13 { Dents du péristome réunies en tube dans la moitié de leur
{ longueur. . . . . *B. subulata* (17).
{ Dents du péristome presque libres . . . *C. cuneifolia* (14).

14 { Feuilles périchétiales engaînantes, étroitement enroulées, touffe
{ compacte 15
{ Feuilles non étroitement enroulées; touffe lâche. 16

15 { Pédicelle jaune paille entièrement . . . *B. convoluta* (10).
{ Pédicelle rougeâtre à la base. . . . . . *B. revoluta* (9).

16 { Feuilles mucronées ; plante verte 17
{ Feuilles mutiques ; plante brune. 18

17 { Plante en petite touffe arrondie : feuilles dressées. . . . .
{ . . . . *R. unguiculata* (5).
{ Plante en touffe étendue ; feuilles recourbées . . . . . .
{ . . . . *B. Hornschuchiana* (8).

18 { Plante croissant sur la terre . . . . . . *B. fallax* (6).
{ Plante croissant sur les pierres calcaires . . *B. vinealis* (7).

50. — 1. B. RIGIDA Schultz. — Barbule raide. — *Tortula enervis* Hook et Tayl.

Plante d'un vert glauque, dioïque; tige simple, courte; feuilles étalées, oblongues, obtuses ; capsule allongée, droite, opercule subulé, aigu, coiffe recouvrant la moitié de la capsule, dents du péristome plusieurs fois contournées ; spores 0 ^{mm} 012. — Sur la terre argilo-calcaire, vieux murs. — Auxerre ! — R. — Hiver.

51. — 2. B. AMBIGUA Br. et Schimp. — Barbule ambiguë.

Plante agrégée, d'un vert terne, souvent rougeâtre, dioïque ; tige simple dressée ; feuilles étalées, oblongues, lancéolées, arquées, à sommet recourbé ; capsule cylindracée, opercule à pointe obtuse, coiffe recouvrant à peine le sommet de la capsule, dents du péristome une fois contournées ; spores 0 ^{mm} 018. — Sur la terre argilo-calcaire, bords des chemins, sur les pierres, les roches désagrégées. — A. C. — Automne, printemps.

52. — 3. B. ALOIDES Br. et Schimp. — Barbule à feuilles d'aloès.

Plante d'un vert pâle, dioïque ; tige simple ; feuilles oblongues, aiguës, à peine étalées ; capsule cylindrique légèrement arquée, penchée, dents du péristome une fois contournées. — Sur la terre argilo calcaire, humide. — Pelouse vers le pont de pierre ! Auxerre ! — Hiver.

53. — 4. B. MEMBRANIFOLIA Schultz. — Barbule à feuilles membraneuses. — *B. Chloronostos* Brid.; *Tortula membranifolia* Hook.

Plantes grisâtres, agrégées ou éparses, monoïques ; tiges simples dressées ; feuilles ovales atténuées au sommet, concaves, membraneuses, terminées par un long poil blanc flexueux, cellules arrondies au sommet ; capsule dressée, un peu arquée ; spores 0 ^{mm} 012. — Roches calcaires et siliceuses. — Vaux ! Sens ! Saint-Moré ! Appoigny ! — R. — Printemps.

54. — 5. B. UNGUICULATA Br. et Schimp. — Barbule onguiculée. — *Bryum unguiculatum* Dill.; *Bryum linoïdes* Dicks.

Plante en touffe plus ou moins étendue, d'un beau vert, dioïque ; tige peu rameuse dressée ; feuilles lancéolées à bords enroulés à la base, entières, mucronées par le prolongement de la nervure ; capsule dressée, cylindrique, brune, opercule subulé égalant la capsule ; spores 0 mm 010. — Sur la terre argilo-calcaire, prairies artificielles, vieux murs, ceps de vigne. — C. C. — Hiver, printemps.

Très variable par la taille, la direction des feuilles plus ou moins étalées et la grandeur des capsules.

55. — 6. B. FALLAX Hedw. — Barbule trompeuse.

Plante en touffe brune, dioïque ; tige rameuse dressée ; feuilles linéaires, lancéolées, étalées, arquées en dehors, obtuses, à bords enroulés de la base au sommet ; capsule oblongue dressée, opercule subulé égalant presque la capsule, pédicelle rouge ; spores 0 mm 010. — Sur la terre argilo-calcaire, bords des chemins des bois. — A. C. — Hiver.

Souvent stérile.

56. — 7. B. VINEALIS Brid. — Barbule des vignes. — *Tortula fallax vinealis* de Not.

Plante en touffe, d'un brun foncé presque noir, dioïque ; tige peu rameuse ; feuilles étalées, arquées, enroulées à la marge, pédicelle rouge à la base. — Roches calcaires désagrégées. — Vaux ! ravin de Morinfroid, chambre d'emprunt à Laroche ! La Chapelle-sur-Oreuse ! Auxerre ! — R. — Printemps.

Stérile.

57. — 8. B. HORNSCHUCHIANA Schultz. — Barbule de Hornsch. — *B. revoluta* Web. et Mohr. ; *B. revoluta* Var. *Hornsch.*, Brid.

Plante en touffe molle d'un beau vert jaunâtre,

dioïque ; tiges dressées, rameuses, dichotomes ;
feuilles étalées, lancéolées, à marge plane ou à
peine enroulée, mucronées par la nervure excurrente, feuilles sèches tortillées, la pointe dirigée
vers la tige ; capsule dressée, cylindrique, pédicelle
plus rouge à la base qu'au sommet ; spores 0 ^{mm} 010.
— Bords des chemins argilo-calcaires, Venoy ! — R.
⚥ — Printemps.

58. — 9. B. REVOLUTA Schwœgr. — Barbule enroulée. —
Tortula Web. et Mohr.

Plante en touffe serrée, verte, dioïque ; tige simple dressée ; feuilles ovales, aiguës, enroulées sur les bords ;
capsule dressée, droite, pédicelle rouge, opercule
aigu ; spores 0 ^{mm} 010. — Roches et pierres calcaires,
vieux murs. — Auxerre ! Irancy ! Brienon ! — A.
R. — Printemps.

59. — 10. B. CONVOLUTA Hedw. — Barbule enveloppée. —
Tortula Sw.; *Bryum convolutum* Dicks.

Plante en touffe aplanie, d'un beau vert jaunâtre,
dioïque ; tiges rameuses dichotomes ; feuilles aiguës,
planes ; capsule dressée, arquée, pédicelle jaune,
opercule subulé. — Sur la terre sablonneuse, bords
des chemins des bois. — Auxerre ! forêt d'Othe ! —
A. R. ⚥ — Eté.

60. — 11. B. CŒSPITOSA Schwœg. — Barbule cespiteuse. —
B. cyrrhata Bruch.; *B. Northiana* Grev. ; *B. humi-
lis* Hedw.

Plante en gazon peu fourni, vert, monoïque ; tige simple
ou à peine rameuse ; feuilles lancéolées, linéaires,
aiguës, un peu ondulées, nervure jaunâtre, transparente, excurrente ; capsule brune luisante, cylindrique, dressée, pedicelle jaune ; spores 0 ^{mm} 006. —
Sur les vieilles souches. — Bois de Vincelles ! — R.
— Printemps.

61. — 12. B. INCLINATA Schwœg. — Barbule inclinée. — *B.
angustifolia* Brid.; *Tortula curvata* Schleich.

Plante en touffe serrée, épaisse, d'un vert jaunâtre, dioïque ; tige dressée, peu rameuse ; feuilles lancéolées, linéaires, brusquement terminées en pointe, ondulées, nervure large, transparente ; capsule oblongue, inclinée, gibbeuse, d'un brun pâle, pédicelle rouge. — Coteaux calcaires arides exposés à l'ouest. — Vincelles ! — R. — Premier printemps. Stérile.

62. — 13. B. TORTUOSA Web. et Mohr. — Barbule tortueuse.

Plante en touffe épaisse, molle, d'un beau vert jaunâtre, dioïque ; tige dressée, rameuse, couverte à la base de filaments roux ; feuilles ovales, ondulées, étalées, terminées par une longue pointe, mucronées par le prolongement de la nervure ; capsule cylindracée, arquée. — Roches calcaires ombragées couvertes de terre. — Bois du parc de Mailly-le-Château ! — R. — Printemps, été. Fructification rare.

63. — 14. B. CUNEIFOLIA Brid. — Barbule à feuilles cunéiformes. — *Bryum cuneifolium* L.

Plante en tapis serré, d'un beau vert, monoïque ; tige simple, courte, dressée ; feuilles molles, planes, spatulées, arrondies au sommet, apiculées, les supérieures en rosette, nervure disparaissant sous le sommet ; capsule oblongue, opercule conique obtus ; spores $0^{mm}015$. — Rochers verticaux siliceux. — Appoigny ! — R. — Printemps.

64. — 15. B. CANESCENS Bruch. — Barbule blanchâtre.

Plante en tapis d'un blanc grisâtre, monoïque ; tige simple dressée ; feuilles ovales oblongues, réfléchies à la marge, terminées par un poil formé par le prolongement de la nervure ; capsule elliptique, opercule conique obtus, dents du péristome réunies en tube dans leur moitié inférieure ; spores $0^{mm}012$.

— Sur les roches siliceuses de l'Etroit à Appoigny !
— R. — Printemps.

65. — 16. B. MURALIS Hedw. — Barbule des Murs. — *Bryum
murale* L.

Plante en touffe plus ou moins compacte, d'un vert
grisâtre, monoïque ; tige dressée peu rameuse ;
feuilles spatulées, obtuses, enroulées à la marge,
terminées par un poil ; capsule oblongue, brune ;
spores 0 ^{mm} 010. — Sur les murs, les rochers, les
vieux troncs, les toits. — C. C. — Printemps.

Var. *incana* ; plante plus blanche ; poils des feuilles
très longs. — Parois des murs exposés au midi.

Var. *œstiva* ; plante d'un beau vert ; poils des feuilles
courts. — Rochers siliceux de la Chapelle-sur-
Oreuse.

66. — 17. B. SUBULATA Brid. — Barbule subulée. — *Tortula*
Hedw.; *Bryum subulatum* L.

Plante en touffe d'un vert pâle, monoïque ; feuilles
oblongues, mucronées par la nervure excurrente,
entourées d'une bordure de cellules plus pâles et
plus allongées ; capsule cylindrique un peu arquée,
noire à la maturité, opercule conique blanchâtre,
muni d'une ligne pourpre à la base, péristome tubuleux presque jusqu'au sommet ; spores 0 ^{mm} 006.
— Sur la terre sablonneuse, les vieux murs. — C. —
Printemps.

Var. *subinermis ;* feuilles mutiques ou à peine mu-
cronulées ; capsule et pédicelles plus courts. —
Talus des chemins sablonneux ombragés, humides.

67. — 18. B. LÆVIPILA Brid. — Barbule à poil lisse. — *Tortula* Schwœg.

Plante en touffe compacte d'un beau vert, monoïque ;
feuilles oblongues spatulées, émarginées au sommet, les supérieures étalées en rosette, nervure

rouge terminée par un poil blanc égalant le tiers
de la feuille ; capsule dressée cylindrique, un peu
arquée, brune à la maturité, péristome tubuleux à
moitié ; spores 0 ^{mm} 012. — Sur l'écorce des saules,
des peupliers. — C. — Eté.

68. — 19. B. RURALIS Hedw. — Barbule rurale. — *Tortula*
Schwœg. ; *Syntrichia* Brid.; *Bryum rurale* L.

Plante en touffe souvent épaisse et large, verte, vert
jaunâtre ou roussâtre, dioïque ; tiges dressées rameuses ; feuilles oblongues, spatulées, étalées, les
inférieures mucronées, les supérieures en rosette,
carénées, réfléchies à la marge, au moins dans la
partie moyenne, nervure terminée par un poil blanc
aussi long que la feuille ; capsule dressée, un peu
arquée ; spores 0 ^{mm} 010. — Sur la terre sèche, murs,
pierres, toits de chaume. — C. C. — Printemps.

Var. *calva ;* feuilles supérieures dépourvues de poils,
seulement mucronées. — Sur les vieux murs le long
du sentier qui monte à Mailly-le-Château (Sagot) !

FAM. XIII. — CINCLIDOTÉES

Genre I. — **CINCLIDOTUS** Pal de Bauv., Cinclidote.

(**Kigklaïs**, grille, odous, dent ; allusion aux dents du péristome réunies
entr'elles à la base en forme de treillage).

Plantes aquatiques ; fleurs terminales au sommet des
tiges ou des rameaux ; capsule dépourvue d'anneau, coiffe conique dimidiée, péristome à 16 dents
laciniées, anastomosées entre elles à la base.

69. — 1. C. FONTINALOIDES Pal. de Bauv. — Cinclidote
fontinale. — *Trichostomum* Hedw. ; *Gumbelia* Muller.

Plante en touffe d'un vert sombre, dioïque ; tiges souvent ligneuses à la base, très rameuses ; feuilles
oblongues lancéolées, aiguës, entières, enroulées au

4

bord au moins dans la partie supérieure, mucronées par la nervure excurrente ; capsule presque sessile, en partie plongée dans les feuilles périchétiales, au sommet d'un rameau court, coiffe à 5 lobes, opercule conique subulé ; spores 0 ᵐᵐ 022. — Dans les eaux courantes, sur les pierres, les pieux, les troncs, les racines des arbres. — C. — Printemps.

Obs. — Souvent stérile, trouvée en fructification au pied des arbres sur les bords de l'Yonne dans les îles du Bâtardeau à Auxerre ! bords du Cousin à Avallon !

Fam. XIV. — GRIMMIÉES

| 1 | { | Plante en coussinet arrondi (1), très rarement gazonnante ; capsule mûre, une fois aussi longue que large . *Grimmia* (i). Plante gazonnante ; capsule mûre, deux fois aussi longue que large . . . . *Racomitrium* (ii). |

Genre I. — **GRIMMIA** Hedw., Grimmie.
(Dédié à Grimm).

Péristome à 16 dents lancéolées, entières, rarement bifides ou trifides ; coiffe en forme de mitre lobée à la base, rarement dimidiée.

1	{	Pédicelle droit.	2
		Pédicelle plus ou moins arqué	5
2	{	Capsule et pédicelle plongés dans les feuilles ; péristome d'un rouge pourpre intense . . . . *G. apocarpa* (1).	
		Capsule exserte	3
3	{	Plante blanchâtre argentée . . . . . *G. leucophæa* (6).	
		Plante d'un vert gris ou noir.	4
4	{	Plante d'un vert noir en gazon . . . . *G. commutata* (7).	
		Plante d'un vert gris en coussinet . . . . *G. montana* (8)	
5	{	Pédicelle une fois plus long que la capsule au plus *G. crinita* (2)	
		Pédicelle beaucoup plus long que la capsule	6
6	{	Coiffe dimidiée. . . . . *G. orbicularis* (3).	
		Coiffe mitriforme lobée	7

(1) On appelle coussinet la réunion d'un grand nombre de tiges en forme de coussin arrondi hémisphérique que l'on voit très fréquemment sur les pierres, les murs, les toits.

7 { Capsule ovale régulière . . . . *G. pulvinata* (4).
{ Capsule oblongue étranglée au milieu . . *G. Schultzii* (5).

70. — 1. GR. APOCARPA Hedw. — Grimmie à fruit sessile.— *Bryum apocarpum* L.; *Schistidium* Br. et Schimp.

Plante en touffe molle d'un vert sombre, monoïque ; tiges dressées dichotomes, rameuses ; feuilles carénées, arquées, enroulées à la marge, dentées seulement vers la pointe membraneuse, nervure atteignant presque le sommet de la feuille ; capsule oblongue presque sessile, coiffe lobée, opercule aplati, apiculé ; spores 0 ^{mm} 010. — Lieux secs ou humides, sur les pierres, les murs, les rochers, partout. — C. C. — Hiver, printemps.

Var. *rivularis* ; tige allongée, fasciculée, rameuse, d'un vert noir. — Sur les roches souvent inondées de la Cure et du Cousin.

71. — 2. GR. CRINITA Brid. — Grimmie chevelue. — *Gumbelia* Mull.

Plante en gazon déprimé, d'un blanc soyeux grisâtre, rarement en coussinet, monoïque ; tige rameuse ; feuilles imbriquées, les inférieures mutiques, les supérieures spatulées, concaves, diaphanes au sommet, terminées par un long poil blanc ; capsule exserte, arrondie, bossue, opercule mamillaire, coiffe dimidiée ; spores 0 ^{mm} 009. — Sur les parois des murs exposés au soleil. — A. C. — Hiver, printemps.

72. — 3. GR. ORBICULARIS Br. et Schimp. — Grimmie orbiculaire. — *Gr. africana* de Not.; *Gumbelia orbicularis* Mull.

Plante en coussinet souvent très gros, d'un vert foncé à l'intérieur, gris blanc à la surface, monoïque ; tiges rameuses ; feuilles oblongues, les inférieures mucronées, les supérieures pilifères, marge légèrement enroulée au milieu ; capsule ovale arrondie, obscurément striée, pédicelle jaune, arqué, coiffe dimidiée, opercule orangé obtus ; spores 0 ^{mm} 009.— Sur les murs, les rochers calcaires exposés au soleil — Auxerre ! Mailly-le-Château ! Saint-Moré ! etc. — A. R. — Printemps.

73. — 4. GR. PULVINATA Smith. — Grimmie coussinet. — *Bryum* L.; *Fissidens* Hedw.; *Trichostomum* Web. et Mohr.; *Dicranum* Schw.

Plante en coussinet d'un vert grisâtre, monoïque ; tiges rameuses ; feuilles oblongues rétrécies au sommet, terminées par un poil plus ou moins long, lisse ou muni de 2 dents à la pointe ; capsule ovale striée, pédicelle arqué jaune brun, coiffe en mitre lobée, opercule convexe apiculé ; spores 0 ^{mm} 009. — Sur les murs, les toits, les pierres.— C. C. — Printemps.

Var. *obtusa* ; capsule ovale globuleuse, opercule obtus. Var. *viridis* ; plante verte, feuilles munies d'un poil court.

74. — 5. GR. SCHULTZII Wils. — Grimmie de Schultz. — *Gr. funalis* Br. et Sch., Mull., de Not.; *Dryptodon Schultzii* Brid.

Plante en coussinet irrégulier, d'un vert gris jaunâtre, monoïque ; tiges rameuses, rameaux arqués, longs de 3 à 4 centimètres ; feuilles étalées oblongues lancéolées, terminées par un poil denté ; capsule allongée, renflée au sommet, déprimée au milieu, pédicelle arqué ; spores 0 ^{mm} 012. — Sur les roches siliceuses et granitiques. — Thureau du Bar, Auxerre ! Avallonnais ! — A. C. dans l'Avallonnais, R. ailleurs. — Printemps.

75. — 6. GR. LEUCOPHÆA Grev. — Grimmie grise cendrée. — *Gr. lævigata* Brid.; *Gr. campestris* Burch.

Plante en coussinet ou en touffe plus ou moins étalée,

très blanche à la surface, noirâtre à l'intérieur, dioïque ; tige dressée, rameuse dès la base ; feuilles oblongues étalées, les inférieures mutiques, les autres munies d'un poil diaphane lisse ; capsule ovale dressée, dépassant à peine les poils des feuilles, coiffe mitriforme lobée ; spores 0 ^{mm} 009.— Sur les rochers granitiques de l'Avallonnais ! — A. C. — Printemps.

76. — 7. GR. COMMUTATA Hueb. — Grimmie variable. — *Gumbelia* Mull.; *Dryptodon ovatus* Brid.

Plante en touffe lâche, d'un vert noirâtre, dioïque ; tige rameuse, rameaux souvent dénudés à la base ; feuilles lancéolées, les supérieures coudées, munies d'un long poil ; capsule ovale jaunâtre, pédicelle plus long que les feuilles, coiffe dimidiée ; spores 0 ^{mm} 009. — Rochers granitiques de l'Avallonnais ! — A. R. — Printemps.

77. — 8. GR. MONTANA Br. et Schimp. — Grimmie des Montagnes. — *Gumbelia* Mull.

Plante en petits coussinets serrés, d'un vert grisâtre, dioïque ; tiges rameuses, rameaux feuillés jusqu'à la base ; feuilles supérieures lancéolées, terminées par un poil diaphane, hispide, décurrent, les inférieures mutiques ; capsule ovale ne dépassant pas les poils, pédicelle de la longueur du limbe de la feuille, coiffe dimidiée ; spores 0 ^{mm} 009. — Sur les rochers granitiques de l'Avallonnais ! — A. C. — Printemps.

Genre II. — **RACOMITRIUM**, Racomitrion.

(Rakos, lambeau, mitra, mitre; allusion à la coiffe mitriforme et lobée).

Plante gazonnante, jamais en coussinets ; tiges rameuses ; feuilles raides concaves, recourbées à la marge ; péristome simple formé de 16 dents bifides ou trifides, coiffe mitriforme ; fleurs dioïques.

1 { Feuilles mutiques obtuses. . . . . *R. aciculare* (1).
  { Feuilles pilifères acuminées 2

2 { Opercule plus court que la capsule. . *R. heterostichum* (2).
  { Opercule plus long que la capsule 3

3 { Tige tombante ; feuilles fortement découpées au sommet . .
  { . . . . *R. lanuginosum* (3).
  { Tige dressée ; feuilles denticulées au sommet. *R. canescens* (4).

78. — 1. R. ACICULARE Brid. — Racomitrion aciculé. — *Bryum* L. ; *Dicranum* Hedw. ; *Trichostomum* Schwœgr.; *Grimmia* Mull.

Plante en touffe lâche d'un vert noir ; tiges tombantes, terminées par quelques rameaux courts d'un vert jaune ; feuilles oblongues, obtuses, concaves, entières, nervure forte n'atteignant pas le sommet de la feuille ; capsule cylindrique, opercule aciculaire, péristome moins long que la capsule ; spores 0 ^{mm} 014. — Rochers granitiques de l'Avallonnais ! — R. Printemps.

79. — 2. R. HETEROSTICHUM Brid. — Racomitrion unilatéral. — *Trichostomum* Hedw.; *Grimmia* Mull.

Plante en touffe lâche étendue, d'un vert gris ; tiges dressées rameuses, rameaux arqués ; feuilles lancéolées étalées, terminées par un poil denté ; capsule cylindrique, péristome égalant à peine le tiers de la capsule ; spores 0 ^{mm} 010. — Rochers siliceux et granitiques. — Forêt d'Othe ! Avallonnais ! — A. C. — Printemps.

80. — 3. R. LANUGINOSUM Brid. — Racomitrion lanugineux. — *Trichostomum* Hedw.; *Bryum* Dillen.

Plante robuste en touffe épaisse d'un vert grisâtre ; tiges longues brunes, rameuses ; feuilles lancéolées, terminées par un long poil blanc décurrent fortement et irrégulièrement découpé ; capsule conique, péristome moins long que la capsule. — Sur les roches granitiques de l'Avallonnais ! Pierre

Perthuis ! bois sablonneux. — A. C. — Printemps.

Fructifie rarement.

81. — 4. R. CANESCENS Brid. — Racomitrion blanchâtre. — *Bryum* Dill. ; *Trichostomum* Hedw. ; *Grimmia* Mull.

Plante en touffe lâche, d'un vert jaune à l'état humide, d'un vert gris à l'état sec ; tiges dressées rameuses, rameaux courts ; feuilles arquées étalées, carénées concaves à bords enroulés, terminées par un poil crénelé, nervure atteignant le milieu de la feuille ; capsule conique, péristome de la longueur de la capsule ; spores 0^{mm}008. — Sur la terre sablonneuse ou granitique. — C. — Printemps.

FAM. XV. — HEDWIGIÉES

Genre I. — **HEDWIGIA** Ehrh., Hedwigie.
(Dédié au botaniste Hedwig).

Plante en touffe souvent étendue d'un vert blanchâtre ; tige dichotome rameuse ; feuilles oblongues lancéolées, sans nervure, dentées, enroulées à la base et terminées par une pointe soyeuse, diaphane, feuilles périchétiales terminées par une soie ciliée ; capsule ovale arrondie, rougeâtre, incluse, opercule mamillaire ; spores 0^{mm}025.

82. — 1. HED. CILIATA Br. et Sch. — Hedwigie ciliée. — *Bryum ciliatum* Dicks.; *Schistidium* Brid.; *Anictangium* Hedw.

Sur les roches siliceuses et granitiques. — C. — Printemps.

Var. *viridis* ; feuilles plus vertes à sommet à peine décoloré.

Fam. XVI. — ZYGODONTÉES

	Plante croissant sur l'écorce des arbres. . . . *Zygodon* (ii).
1	Plante croissant dans les fentes des rochers . . . . .
	. . . . *Amphoridium* (i).

Genre I. — **AMPHORIDIUM** Br. et Schimp., Amphoridie.

(Amphoridium, petite urne ; allusion à la forme de la capsule mure simulant une amphore).

Capsule ovale pyriforme, sèche, urcéolée, profondément sillonnée, péristome nul, coiffe dimidiée ; fleurs monoïques ou dioïques.

83. — 1. A. MOUGEOTII Schimp. — Amphoridie de Mougeot. — *Zygodon* Br. et Schimp.

Plante en touffe compacte d'un vert terne, dioïque ; tiges brunes, rameuses, dénudées à la base ; feuilles linéaires, dressées, engaînantes, pliées, carénées, nervure forte, rougeâtre, traversant la feuille ; capsule pédicellée exserte, opercule subulé. — Dans les fentes des rochers granitiques. — Pierre-Perthuis ! — R. — Été.

Stérile.

Genre II. — **ZYGODON** Hook et Tayl., Zygodon.

(Zugos, joug, odous, dent, dent jointe ; allusion aux dents géminées du péristome).

Capsule pédicellée ovale ou oblongue, péristome nul ou double, l'extérieur à 16 dents bigéminées, l'intérieur à 8 ou 16 cils, coiffe dimidiée ; fleurs monoïques ou dioïques.

84. — 1. Z. VIRIDISSIMUS Brid. — Zygodon très vert. — *Bryum viridissimum* Dicks. ; *Gymnostomum* Smith.

Plante en touffe étalée ou arrondie d'un beau vert, dioïque ; tiges rameuses au sommet, radiculeuses à la base ; feuilles lancéolées, linéaires, aiguës, étalées, nervure évanouissante sous le sommet, cellules arrondies ; capsule sèche, pourvue de côtes saillantes, péristome nul ; opercule arqué, subulé. — Sur l'écorce des chênes, des ormes, des saules. — A. C. stérile. — R. fertile. — Vieux chênes de la futaie de Courbépine ! (forêt d'Othe) ; troncs de saules dans le ravin de la nouvelle cible, Venoy ! — Printemps.

Fᴀᴍ. XVII. — ORTHOTRICÉ

| | Feuilles très crispées par la sécheresse . . . . . *Ulota* (i). |
|1| Feuilles jamais crispées . . . . *Orthotricum* (ii). |

Genre I. — **ULOTA** Mohr, Ulota.
(Oulos, frisé ; allusion aux feuilles très crispées de la plante sèche).

Feuilles crispées par la sécheresse, rarement raides ; capsule ovale exserte rétrécie à la base en un long col pédicellé, coiffe mitriforme entièrement couverte de poils jaunes ; péristome simple ou double ; fleurs monoïques ou dioïques.

1	Feuilles rigides . . . . *U. Hutchinsiæ* (1).	
	Feuilles crispées	2
2	Capsule mûre et sèche étranglée sous l'orifice. *U. crispa* (3).	
	Capsule mûre et sèche non étranglée	3
3	Capsule resserrée à l'orifice . . . . *U. Bruchii* (2).	
	Orifice aussi large que la capsule . . . . . *U. crispula* (4).	

85. — 1. U. HUTCHINSIÆ Schimp. — Ulota de Hutchins. — *Orthotrichum* Smith.; *Ort. strictum* Brid.

Plante en touffe d'un vert terne ou noirâtre ; tige dressée rameuse ; feuilles oblongues étalées, sèches, imbriquées, dressées, rigides ; capsule pédicellée ovale, sèche, très allongée et un peu resserrée à l'orifice ; péristome double. — Rochers siliceux ou granitiques. --La Chapelle-sur-Oreuse ! forêt d'Othe ! Avallonnais ! — R. — Printemps.

86. — 2. U. BRUCHII Brid.— Ulota de Bruch. — *Orthotrichum* Wilson.

Plante en petits coussinets d'un vert jaunâtre ; tige rameuse ; feuilles linéaires lancéolées, élargies à la base ; capsule longuement exserte, à huit stries. — Sur les branches de chênes dans la forêt d'Othe. A. R. — Eté.

87. — 3. U. CRISPA Brid. — Ulota crispée. — *Orthotricum crispum* Hedw.

Plante en coussinet d'un beau vert ; tige rameuse ; feuilles linéaires lancéolées ; capsule ovale, sèche, profondément sillonnée et défluente en un col aussi long qu'elle. — Sur les branches, les troncs, les racines des arbres dans les bois. — P. C. — Eté.

88. — 4. U. CRISPULA Brid. — Ulota frisée. — *Orthotrichum crispulum* Br. et Sch.

Plante en touffe compacte d'un vert jaunâtre ; feuilles sèches, très fortement crispées ; capsule ovale à pédicelle court, sèche et vide, finement striée et non rétrécie à l'orifice. — Sur les rochers calcaires herbeux. — Mailly-le-Château. — R. — Printemps.

Genre II. — **ORTHOTRICHUM** Hedw.. Orthotric.
(Orthos, droit, trix, cheveu; allusion à la direction des poils de la coiffe.)

Capsule dressée lisse ou striée, immergée ou exerte ; péristome simple ou double, l'extérieur à 8 ou 16 dents, l'intérieur à 8 ou 16 cils, coiffe mitriforme plus ou moins pourvue de poils ascendants, rarement nue.

1	Feuilles terminées par un poil diaphane. O. *diaphanum* (x).	
	Feuilles dépourvues de poil	2

2	Feuilles ovales obtuses . . . . O. *obtusifolium* (iv).	
	Feuilles lancéolées aigues, rarement un peu obtuses. . . .	3

89. — 1. O. CUPULATUM Hoffm. — Orthotric à cupules.

Plante en coussinet d'un vert terne, monoïque ; feuilles lancéolées, enroulées à la marge ; capsule brièvement pédicellée, ovale, à 16 stries, péristome à 16 dents libres, étalées, rayonnantes à la maturité, coiffe un peu velue, puis nue ; spores 0 ^{mm} 015. — Sur les murs, les rochers, les vieux cerisiers, les ceps de vignes. — Auxerre ! Mailly-le-Château ! Avallon ! — A. R. — Printemps.

90. — 2. O. STURMII Hoppe. et Horns. — Orthotric de Sturm.

Plante gazonnante d'un vert sombre ou noir, monoïque ; feuilles oblongues lancéolées, carénées, étalées, enroulées à la marge ; capsule ovale, incluse à 8 stries courtes, coiffe velue ; spores 0^{mm}018. — Sur les rochers siliceux ou granitiques. — Forêt d'Othe ! la Chapelle-sur-Oreuse ! Avallonnais ! — A. C. — Printemps.

91. — 3. O. ANOMALUM Hedw. — Orthotric irrégulier. — O. saxatile Brid.

Plante en touffe serrée d'un vert roux, monoïque ;
feuilles ovales lancéolées, enroulées à la marge ;
capsule ovale oblongue à 16 stries, pédicelle plus
long que la capsule, coiffe jaune brillante à pointe
rousse, péristome jaune ; spores $0^{mm}012$. — Pierres,
rochers, murs, vieux troncs. — C. C. — Printemps,
été.

92. — 4. O. OBTUSIFOLIUM Schrad. — Orthotric à feuilles
obtuses.

Plante gazonnante d'un beau vert jaunâtre, dioïque ;
tige rampante, rameuse ; feuilles obtuses étalées,
celles des tiges fertiles enroulées à la marge, celles
des tiges stériles, planes et crénelées par les cellules saillantes ; capsule en partie exserte à 8 stries,
coiffe à poils rares, péristome à 8 dents géminées ;
anthéridies nombreuses à 6, 7 cloisons. — Vieux
troncs de saules, près du moulin du président,
Auxerre ! — A. C. — R. en fruit. — Hiver, printemps.

93. — 5. O. PUMILUM Swartz. — Orthotric nain. — *O. fallax*
Bruch.

Plante en petits coussinets d'un vert sombre, monoïque ; feuilles lancéolées, carénées, enroulées à la
marge ; capsules nombreuses, en partie exsertes, à
8 stries, coiffe nue, jaune, à pointe brune ; spores
$0^{mm}015$. — Sur les troncs de peupliers, cerisiers,
saules. — C. — Printemps.

94. — 6. O. FALLAX Schimp. — Orthotric douteux. — *O. pumilum* Sw.

Plante en petites touffes irrégulières, monoïques ;
feuilles enroulées à la marge ; capsule ovale à 8
stries, larges, orangées, coiffe brune ; opercule mamillaire. — Sur les troncs d'arbres. — C. — Printemps.

95. — 7. O. TENELLUM Brid. — Orthotric délicat.

Plante en petite touffe d'un vert terne, monoïque ;
tiges rameuses hautes de 1 centimètre ; feuilles lancéolées obtuses à bords enroulés ; capsule exserte
en partie striée, cylindrique, sèche, étranglée au-
dessous de l'orifice et d'un jaune clair. — Sur
l'écorce des peupliers, des saules.— Auxerre ! — R.
— Printemps.

96. — 8. O. AFFINE Schrad. — Orthotric voisin.

Plante en coussinet étendu d'un vert foncé, monoïque ; tige dichotome rameuse ; feuilles réfléchies, entièrement recourbées à la marge ; capsule
en partie exserte, coiffe couvrant presque entièrement la capsule ; opercule pourpre à la base ;
spores 0^{mm}015. — Troncs d'arbres. -- partout. — C.
C. — Mai, juin.

97. — 9. O. RIVULARE Turner. — Orthotric des rives.

Plante en touffe d'un vert noir ; tige rameuse dénudée
à la base, rameaux pendants ; feuilles lancéolées,
obtuses, enroulées à la marge ; capsule ovale, incluse, jaune ; péristome jaune orange ; spores
0 ^{mm} 012. — Sur les roches granitiques du Cousin et
de la Cure (Dey) ! — R. — Eté.

98. — 10. O. DIAPHANUM Schrad. — Orthotric transpa-
rent.

Plante en coussinet serré ou gazonnante, d'un vert
foncé à reflet gris ; tige courte rameuse ; feuilles à
marges enroulées, les supérieures terminées par un
poil flexueux diaphane ; capsule cylindracée, coiffe
brune à base crénelée, sillonnée de 6 stries rouges ;
spores 0 ^{mm} 015. — Sur les troncs d'arbres, les
palissades des jardins. — C. C. — Hiver et printemps.

99. — 11. O. LEIOCARPUM Br. et Sch. — Orthotric à fruit lisse.

Plante en touffe d'un vert jaune ; feuilles lancéolées, sinueuses, fortement enroulées à la marge ; capsule incluse non striée, d'un jaune pâle ; spores 0^{mm}018. — Sur les troncs d'arbres, les vieux ceps de vigne. — C. — Printemps.

100. — 12. O. LYELLII Hook et Taylor. — Orthotric de Lyell.

Plante en touffe lâche d'un vert foncé, dioïque ; tige rameuse, dénudée et noire à la base ; feuilles flexeuses, allongées, aiguës, à marge plane, couvertes de petits corpuscules roux ; capsule striée en partie exserte, longuement atténuée à la base, coiffe recouvrant entièrement la capsule ; spores 0^{mm}015. — Sur le tronc des arbres, les vieux ceps de vigne. — A. C. — Fructifie sur les vieux chênes de la futaie de Courbépine à Bussy ! — Eté.

Fam. XVIII. — TÉTRAPHIDÉES.

Genre I. — **TETRAPHIS** Hedw, Tétraphis.

(Tetra, quatre, phero, je porte ; allusion aux divisions du péristome au nombre de quatre).

101. — 1. TETRAPHIS PELLUCIDA Hedw. — Tetraphis pellucide. — *Mnium pellucidum* L.

Plante en touffe lâche monoïque ; tige dressée rameuse, rameaux roussâtre nus à la base ou munis de très petites feuilles ; feuilles lancéolées aiguës, planes, nervure atteignant presque le sommet, capsule pédicellée, dressée, cylindrique, coiffe mitriforme dentée ; opercule conique ; péristome à 4 dents ; spores 0^{mm}010. — Lieux ombragés humides, sur les vieilles souches en décomposition, vers l'étang de la Marcennerie à Saint-Sauveur ! — R. — Printemps.

Fam. XIX. — ENCALYPTÉES

Genre I. — **ENCALYPTA** Schreb, Eteignoir.

(Egcaluptô envellopper, cacher ; allusion à la coiffe qui recouvre entièrement la capsule).

Capsule pédicellée, dressée, régulière, cylindrique, coiffe en éteignoir, lisse, entière ou ciliée, ou dentée à la base, recouvrant complétement la capsule ; péristome simple, double ou nul ; fleur monoïque ou dioïque.

1 { Péristome nul ; coiffe à base non dentée . . *E. vulgaris* (1).
{ Péristome double ; coiffe dentée à la base *E. streptocarpa* (2).

102. — 1. E. VULGARIS Hedw. —Eteignoir commun.

Plante agrégée d'un vert terne, monoïque ; tige simple, dressée, courte ; feuilles oblongues apiculées, nervure rouge traversant la feuille ; capsule cylindrique lisse, pourvue d'un cercle pourpre à l'orifice, pédicelle pourpre ; spores 0^{mm} 022. — Sur la terre sablonneuse, les pierres, les murs. — C. — Printemps.

103. — 2. E. STREPTOCARPA Hedw. — Eteignoir à fruit tordu.

Plante en touffe compacte, dioïque ; tige allongée dressée ; feuilles lancéolées obtuses, nervure n'atteignant pas le sommet ; capsule régulièrement striée en spirale de droite à gauche. — Coteaux calcaires, fentes de rochers, vieilles souches. — Vincelles ! Val-de-Mercy ! Fontenay ! Arcy ! — P. C.

Stérile.

FAM. XX. — SPLACHNÉES

Genre I. — **SPLACHNUM** L. Splachne.

(Splacnon. ventre ; allusion à la forme renflée de la capsule mure).

Plante gazonnante annuelle ou bisannuelle, dioïque, rarement monoïque ; feuilles distantes étalées, les supérieures en rosette, entières ou dentées à réseau lâche ; capsule ovale cylindrique pourvue à la maturité d'une grande apophyse pyriforme ; péristome à 16 dents géminées ; pédicelle très long pourpre, coiffe conique, entière, fugace.

104. — 1. SPLACHNUM AMPULLACEUM L. — Splachne ampullacé. — *Bryum* Dill.

Plante en tapis lâche d'un vert clair ; feuilles lancéolées, ovales, acuminées, fortement dentées ; apophyse rose ou pourpre ; spores 0 ^{mm} 025. — Sur les bouses de vaches, tourbières d'Appoigny ! — R. R. — Eté.

FAM. XXI. — PHYSCHOMITRIÉES

1 {	Capsule penchée sur le pédicelle . . . . . *Funaria* (iii).	
	Capsule dressée	2
2 {	Opercule apiculé . . . . *Physchomitrium* (i).	
	Opercule plan . . . . *Énthostodon* (ii).	

Genre I. — **PHYSCHOMITRIUM** Bridel. Physchomitrion,

(Phuskè, vessie, mitra, mitre, coiffe ; allusion à la forme renflée de la coiffe).

Capsule dressée, pédicellée, arrondie, un peu atténuée à la base ; péristome nul, coiffe campanulée à 5 lobes, recouvrant la moitié de la capsule, opercule apiculé.

105. — 1. PHYSCHOMITRIUM PYRIFORME Brid. — Physchomitrion pyriforme. — *Bryum* L.; *Gymnostomum* Hedw.

Plante agrégée formant de larges tapis d'un beau vert, monoïque ; tige simple ; feuilles supérieures étalées en roselle, oblongues, pointues, élargies et dentées au sommet, nervure un peu plus courte que la feuille ; spores 0 ᵐᵐ 015. — Sur la terre sablonneuse argileuse, talus des fossés. — Saint-Georges ! Appoigny ! etc. — A. R. — Printemps.

Genre II. — **ENTHOSTODON** Schwœgr., Enthostodon.

(Odous, dent, enthos, en dedans ; allusion à la disposition des dents du péristome).

Capsule dressée, quelquefois penchée, pédicellée, arrondie à col allongé, pyriforme ; péristome à 16 dents, ou rudimentaire ou nul, coiffe en capuchon fendue à la base ; opercule plan.

Tige de 5 à 6 millimètres	*E. ericetorum* (1).
Tige de 10 à 15 millimètres	*E. fasciculare* (2).

106. — 1. E. ERICETORUM Schimp. — Enthostodon des Bruyères. — *Gymnostomum* Balsamo et de Not.; *G. obtusum* Hedw.; *Bryum obtusum* Dicks.

Plante agrégée d'un vert pâle, monoïque; tige simple; feuilles aiguës en rosette, obscurément dentées, cellules rectangulaires ; pédicelles rougeâtres ; péristome nul ; spores 0 ᵐᵐ 025. — Sur la terre sablonneuse, allées des bois, talus des fossés.—Forêt d'Othe! bois de Jonches ! — A. R. — Printemps.

107. — 2. E. FASCICULARE Schimp. — Enthostodon fasciculé. — *Bryum* Dicks.; *Gymnostomum* Hedw.

Plante en petite touffe d'un vert pâle, monoïque ; tiges simples rouges réunies par les racines entre-croisées ; feuilles aiguës en rosette, dentées dans la moitié supérieure, cellules hexagonales ; capsule souvent penchée, pédicelle vert pâle ; péristome nul ; spores 0 ᵐᵐ 020. — Champs argileux humides.

—Chemilly ! Venoy ! Appoigny ! Brienon ! — A. R.
— Printemps.

Genre III. — **FUNARIA** Schreb., Funaire.
(Funarius, cordier ; allusion au pédicelle allongé flexueux).

Capsule oblongue, pyriforme, penchée, pédicelle
dressé ou arqué ; péristome double, l'extérieur à 16
dents conniventes, contournées en spirales, l'intérieur à 16 cils membraneux, opposés, coiffe en capuchon, posée à angle droit sur la capsule ; opercule
plan ou convexe apiculé.

108. — 1. F. HYGROMETRICA Hedw. — Funaire hygrométrique. — *Mnium hygrometricum* L.

Plante d'un vert pâle ; tiges simples dressées, réunies
souvent en nombre considérable ; feuilles ovales
aiguës, concaves, les inférieures un peu étalées, les
supérieures imbriquées en forme de bourgeon, cellules rectangulaires ; capsule pyriforme, bossue et
profondément sillonnée à la maturité ; opercule
plan convexe, péristome externe roux, l'interne
jaune ; spores 0 ^{mm} 014. — Sur la terre, les pierres,
dans les lieux frais, prairies artificielles, places à
charbon. — C. C. C. — Eté.

Fam. XXII. — BRYÉES

1 { Feuilles soyeuses brillantes ; capsules à long col en massue .
      . . . . *Webera* (i).
   { Feuilles non soyeuses : capsules à col non en massue . .   2

2 { Cilioles du péristome interne appendiculés ; cellules du som-
      met des feuilles hexagonales rhomboèdriques . *Bryum* (ii).
   { Cilioles non appendiculés ; cellules du sommet arrondies .
      . . . . *Mnium* (iii).

Genre I. — **WEBERA** Hedw., Wébère.
(Dédié à Weber).

Feuilles lancéolées, soyeuses, réseau formé de cellules hexagonales allongées ; capsule à long col en massue, penchée, coiffe dimidiée, péristome extérieur à 16 dents, l'intérieur à 16 cils munis de cilioles dépourvus de crochets appendiculaires horizontaux.

Plante verte	*W. nutans* (1).
Plante glauque	*W. albicans* (2).

109. — 1. W. NUTANS Hedw. — Wébère penchée. — *Bryum* Schreb.; *Hypnum* Web et Mohr.

Plante gazonnante verte, monoïque ; tige simple dressée ; feuilles irrégulièrement dentées au sommet, nervure traversant la feuille ; capsule oblongue. —Sur la terre, bois sablonneux et granitiques. — C. — Printemps.

110. — 2. W. ALBICANS Schimp. — Wébère blanchâtre. — *Mnium* Wahl.; *Bryum* Brid.

Plante gazonnante d'un vert glauque grisâtre, dioïque ; tige simple, dressée, rouge, souvent géniculée à la base ; feuilles transparentes, brusquement cuspidées par le prolongement de la nervure, obscurément dentées ; capsule presque aussi large que longue ; spores 0 ^{mm} 012. — Sur la terre argileuse humide. — A. C. Fruits R. — Printemps.

Genre II. — **BRYUM** Dill., Bry.
(Bruon, mousse).

Feuilles ovales ou oblongues lancéolées non soyeuses, réseau formé de cellules larges hexagonales, rhomboédriques ; capsule pendante à col à peine de la longueur de la capsule, coiffe dimidiée ; péristome externe à 16 dents, l'interne à 16 cils munis de 2, 3 cilioles pourvus aux articulations de crochets appendiculaires horizontaux.

Plante d'un vert blanchâtre argenté .	*B. argenteum* (5).
Plante verte ou brune	2

111. — 1. B. PALLESCENS Schleich. — Bry pâle.

Plante en touffe compacte d'un vert pâle, monoïque ;
tige rameuse ; feuilles supérieures oblongues aiguës, enroulées à la marge, à base rouge, cuspidées
par le prolongement de la nervure ; capsule d'un
vert pâle, puis brune après maturité ; spores 0 ^{mm} 022.
— Sur la terre calcaire. — Coteaux arides de Sainte-
Nitace, Auxerre ! — R. — Printemps.

**112. — 2. B. ERYTHROCARPUM Schwœgr. — Bry à fruit
rouge. — *B. sanguineum* Brid.**

Plantes agrégées vertes, dioïques ; tige fertile courte
munie au sommet de quelques rameaux filiformes ;
feuilles oblongues, lancéolées, aiguës, dentées au
sommet, réfléchies à la marge, brièvement mucronées par la nervure ; capsule rouge, opercule convexe apiculé, brillant ; spores 0 ^{mm} 010. — Sur la
terre sablonneuse ou calcaire, grèves des rivières. —
A. C. — Printemps.

113. — 3. B. ALPINUM L. — Bry des Alpes.

Plante en touffe compacte, profonde, de couleur verte
jaunâtre, brune avec reflet pourpre, dioïque ; tige
très feuillée, radiculeuse ; feuilles très rapprochées,
oblongues, lancéolées, brièvement mucronées par

la nervure excédante, enroulées à la marge ; capsule pourpre, péristome jaune. — Sur les rochers calcaires ou granitiques. — Pierre-Perthuis (Déy) ! Avallon ! — R. — Printemps.

<small>Stérile ; fructifie rarement.</small>

114. — 4. B. CÆSPITICIUM L. — Bry en gazon.

Plante en touffe compacte d'un vert terne, dioïque ; tiges simples réunies à la base par les racines entrelacées ; feuilles des tiges fertiles brunes, celles des tiges stériles vertes, toutes oblongues, lancéolées, concaves, réfléchies à la marge, longuement cuspidées par le prolongement de la nervure ; capsule pyriforme allongée. — Sur la terre, les pierres, les murs. — C. C. — Printemps.

115. — 5. B. ARGENTEUM L. — Bry argenté.

Plante gazonnante, compacte, d'un vert blanchâtre, soyeuse, dioïque ; tige dressée rameuse ; feuilles obovales, concaves, apiculées, nervure dépassant un peu le milieu de la feuille ; capsule mure, fortement contractée sous l'orifice ; spores 0 ^{mm} 010. — Sur la terre humide, les pierres, les murs, les toits, partout. — C. C. — Printemps.

116. — 6. B. CAPILLARE Dill. L. — Bry capillaire.

Plante gazonnante d'un vert gai, dioïque ; tige courte, très peu rameuse ; feuilles oblongues, spatulées, marginées, terminées par une longue pointe pileuse formée par le limbe, nervure disparaissant au sommet de la feuille ; capsule allongée, horizontale ou penchée, redressée après la maturité ; spores 0 ^{mm} 010. — Sur la terre, les murs, les rochers, les troncs d'arbres, partout. — C. C. — Printemps.

117. — 7. B. PSEUDOTRIQUETRUM Schwægr. — Bry faux triquètre. — *Mnium* Hedw.

Plante en touffe lâche, profonde, d'un beau vert au sommet, dioïque ; tiges dressées, peu rameuses, tomenteuses; feuilles étalées, distantes, ovales, lancéolées, dentées au sommet, cuspidées par le prolongement de la nervure rouge, entourée d'une bordure jaune ; capsule allongée, conique, inclinée. — Sur la terre dans les lieux très humides. — Chambre d'emprunt à Laroche ! — C. Fruits R. — Printemps.

118. — 8. B. ROSEUM Schreb. — Bry en rosette. — *B. stellare roseum* Dill.; *Mnium* Hedw.

Plante en tapis lâche, souvent très étendu, d'un beau vert, dioïque ; tige stolonifère, dressée, rameuse, dénudée à la base ; feuilles supérieures en rosette, légèrement dentées au sommet, nervure de la longueur de la feuille ; capsule arquée, pendante, non contractée sous l'orifice ; spores 0 ^{mm} 015. — Sur la terre, les pierres, les rochers. — Bois du Parc à Mailly-le-Château ! Appoigny ! Arcy ! — A. R. — Fruits R. R. — Automne.

Genre III. — **MNIUM** L., Mnie.

(Mnion, mousse).

Plante souvent stolonifère ; tige simple, dénudée à la base, sous-ligneuses ; feuilles obovales ou ligulées, ordinairement entourées d'un rebord, dentées, cellules hexagonales arrondies ; capsule à col court, cilioles non appendiculés.

1   { Feuilles entières . . . . *M. punctatum* (5)
     { Feuilles dentées 2

2   { Nervure n'atteignant pas le sommet de la feuille. *M. Hornum* (4).
     { Nervure atteignant le sommet ou le dépassant. 3

3   { Opercule rostré. . . . . *M. rostratum* (3).
     { Opercule convexe 4

4   { Fruits solitaires ; feuilles planes . . . . *M. cuspidatum* (1).
     { Fruits ordinairement agrégés; feuilles ondulées . . . . .
       . . . . *M. undulatum* (2).

119. — 1. M. CUSPIDATUM Hedw. — Mnie cuspidée. — *Bryum*
Schreb.; *Hypnum aciphyllum* W. et Mohr.

Plante en touffe lâche, d'un vert terne, bisexuelle ;
tige simple, stolonifère ; feuilles obovales, oblongues, cuspidées par le prolongement de la nervure ;
fruits solitaires, opercule convexe ; spores 0^{mm} 015.
— Sur la terre ombragée, tourbeuse. — Appoigny !
Iles de Baumont ! Avallon ! — R. — Printemps.

120. — 2. **M. UNDULATUM** Hedw. — Mnie ondulée. —*Bryum
ligulatum* Schreb.

Plante largement gazonnante, d'un vert foncé, dioïque ;
tige fertile, simple, dressée, émettant au sommet
des rameaux élégants, arqués, d'un beau vert ; feuilles oblongues, ligulées, ondulées, arrondies au sommet, apiculées par la nervure excurrente, les
périchétiales en rosette ; fruits presque toujours
agrégés, opercule convexe apiculé, pédicelle orangé ; spores 0^{mm} 015. — Sur la terre ombragée, humide,
bois, buissons. — C. C. — Printemps.

Souvent stérile.

121. — 3. M. ROSTRATUM Schwægr. — Mnie rostrée. —
Bryum Schrad.

Plante gazonnante d'un vert foncé, bisexuelle ; tige
fertile, simple, dressée, émettant de longs rejets
rampants ; feuilles obovales, oblongues, les supérieures spatulées, nervure traversant la feuille
sans la dépasser ; fruits souvent agrégés ; spores
0^{mm} 015. — Bords des eaux, sur la terre, les pierres.
— Iles du Bâtardeau à Auxerre ! Iles de Beaumont !
etc. — A. R. — Printemps.

Souvent stérile.

122. — 4. M. HORNUM L. — Mnie en étoiles. — *Bryum stellatum.* — Fl. fr.

Plante gazonnante compacte, d'un vert clair à la partie

supérieure, dioïque ; tiges simples ou rameuses à rameaux dressés ; feuilles acuminées ; capsule elliptique, pédicelle arqué au sommet ; spores 0mm 025. — Sur la terre humide ombragée, bois sablonneux ou granitiques, vernées, bords des ruisseaux. — A. C. — Printemps.

128. — 5. M. PUNCTATUM L. — Mnie ponctuée. — *Bryum* Schreb.

Plante en gazon peu fourni, d'un vert foncé, dioïque ; tige rigide rameuse ; feuilles planes, ovales, arrondies, entières, les supérieures un peu émarginées et apiculées, nervure pourpre, n'atteignant pas le sommet ; capsule ovale, opercule rostré. — Sur la terre ombragée humide. — Vernées de la Puisaye (Dey) ! — C. — Hiver.

> Fructifie rarement.

Fam. XXIII. — AULACOMNIÉES

Genre I. — **AULACOMNIUM** Schwægr., Aulacomnie.
(Aulax, sillon, mnion, mousse ; allusion à la capsule sillonnée).

Plante dioïque ; tige dichotome, rameuse, vivace ; réseau des feuilles formé de cellules arrondies-hexagonales, nervure n'atteignant pas le sommet ; dents du péristome externe longuement subulées, cils présentant des fentes sur toute la longueur, cilioles 2 à 3 filiformes.

1 { Tige peu rameuse presque toujours terminée par une petite tête pédicellée . . . . *A. androgynum* (1).
Tige rameuse terminée par des feuilles . . *A. palustre* (2).

124. — 1. A. ANDROGYNUM Schwægr. — Aulacomnie androgyne. — *Mnium* L.; *Bryum* Hedw.

Plante en touffe compacte, d'un beau vert ; tiges stériles, hautes de 2 à 3 centimètres, souvent termi-

nées par un pédicelle portant des corpuscules
ovoïdes pointus, réunis en tête globuleuse ; feuilles
lancéolées linéaires, transparentes, dentées au sommet ; capsule cylindrique. — Sur la terre sablonneuse humide, les racines, les vieilles souches. —
A. C. — Printemps.

Toujours trouvée stérile.

125. — 2. A. PALUSTRE Schwægr. — Aulacomnie des Marais.
— *Mnium* L.

Plante en touffe profonde, d'un vert jaunâtre doré au
sommet ; tige tomenteuse, haute de 8 à 10 centimètres ; feuilles linéaires, élargies, presque opaques,
flexueuses, enroulées au bord à la base, obscurément dentées au sommet ; capsule penchée, bossue ;
spores 0^{mm}010. — Tourbières. — Appoigny ! — A. C.
— Eté.

Fructifie très rarement.

FAM. XXIV. — BARTRAMIÉES

Plante verte, des lieux secs ; rameaux non verticellés . . . .
1   . . . . *Bartramia* (i).
       Plante glauque, des lieux très mouillés ; rameaux verticellés
       au sommet des tiges . . . . *Philonotis* (ii).

Genre I. — **BARTRAMIA** Hedw., Bartramie.
(Dédié à Bartram, colon américain).

Capsule subglobuleuse, pédicellée, coiffe dimidiée,
péristome double, l'extérieur à 16 dents, l'intérieur
à 16 cils bifides, cilioles nuls.

1   Fruit terminal. . . . . *B. pomiformis* (1).
       Fruit axillaire . . . . *B. halleriana* (2).

126. — 1. B. POMIFORMIS Hedw. — Bartramie pomiforme.
— *Bryum* L.

Plante en coussinet ou en gazon souvent très étendu,

d'un vert pâle, androgyne ; tiges serrées, dressées
et réunies par un duvet brun clair ; feuilles linéaires lancéolées, étalées, non engainantes, dentées, à marge enroulée à la base ; capsule longuement pédicellée, opercule oblique ; spores 0^{mm} 020.
— Sur la terre sablonneuse ou granitique, rochers.
— C. — Printemps.

127. — 2. B. HALLERIANA Hedw. — Bartramie de Haller. —
Bryum laterale Dicks.

Plante en touffe compacte, d'un beau vert, androgyne ; tiges dressées, réunies par un duvet roux ;
feuilles étalées, dentées, un peu engaînantes et
terminées par une longue pointe sétacée ; capsule
brièvement pédicellée, pédicelle latéral après l'al-
longement de la tige. — Fissures des rochers granitiques, rive gauche du Cousin à Pont-Aubert ! —
R. — Eté.

Souvent stérile.

Genre II. — **PHILONOTIS** Bridel, Philonotis.
(**Philos**, ami, notis, humidité ; allusion à l'habitat des plantes de ce genre).

Tige simple ou rameuse, rameaux verticellés au sommet de la tige ; les autres caractères comme dans
Bartramia.

128. — 1. P. FONTANA Brid. — Philonotis des Fontaines. —
Bartramia Schwægr.; *Mnium fontanum* L.

Plante gazonnante, d'un vert glauque, dioïque ; tiges
dressées, simples ou rameuses ; feuilles petites,
dressées, ovales, acuminées, dentées, à bord enroulé à la base, nervure excurrente ; capsule penchée, opercule convexe, conique ; spores 0^{mm} 012.
— Lieux marécageux. — Toucy (Déy) ! — R. —
Eté.

Fam. XXV. — POLYTRICÉES

Péristome formé de 16, 32 ou 64 dents courtes, soudées au sommet en une membrane qui ferme
l'orifice de la capsule.

1 { Coiffe dimidiée nue. . . . . *Atrichum* (i).
{ Coiffe mitriforme velue. **2**

2 { Capsule anguleuse . . . . *Polytrichum* (iii).
{ Capsule arrondie. . . . . *Pogonatum* (ii).

Genre I. — **ATRICHUM** Pal de B., Atric.

(A privatif, trikos, cheveu ; allusion à la capsule non velue).

Plantes peu rigides, monoïques ou dioïques ; feuilles
non engainantes ; péristome à 32 dents, coiffe dimidiée, nue.

129. — 1. A. UNDULATUM Pal. de B. — Atric ondulé. —
Polytrichum Hedw. ; *Catharinea undulata* Web. et
Mohr.

Plante en touffe compacte, d'un vert foncé, monoïque ;
feuilles supérieures allongées, ondulées, arquées,
dentées dans la moitié supérieure, nervure atteignant presque le sommet ; capsule oblique, droite
ou arquée, opercule longuement subulé ; spores
0mm 015. — Sur la terre ombragée humide. — C. C.
— Hiver.

Genre II. — **POGONATUM** Pal de B., Pogonaton.
(Pagôn, barbe ; allusion à la coiffe velue).

Plante simple ou rameuse, souvent stolonifère, dioïque ;
feuilles planes, étalées, dentées, membraneuses à la
base, nervure large, occupant la plus grande partie
du limbe ; capsule arrondie, ovale ou cylindrique,
péristome à 32 dents orangées.

1   { Capsule ovale arrondie . . . . *P. nanum* (1).
     { Capsule cylindrique.   2

2   { Tige courte peu ou point rameuse . . . . *P. aloides* (2).
     { Tige allongée rameuse . . . . *P. urnigerum* (3).

130. — 1. P. NANUM Pal. de B. — Pogonaton nain. — *Polytrichum* Hedw.

Plantes agrégées, d'un vert glauque ; tiges simples ; feuilles lancéolées, linéaires, les supérieures un peu étalées en rosette ; capsule ovale, arrondie, souvent inclinée ; spores 0^{mm}018. — Sur la terre nue des bois sablonneux ou granitiques. — A. C. — Hiver.

131. — 2. P. ALOIDES Pal. de B. — Pogonaton à feuilles d'aloës. — *Polytrichum* Hedw.

Plantes agrégées, d'un vert gris ; tige simple, rarement rameuse ; feuilles lancéolées, terminées par une pointe courte ; capsule dressée, cylindrique ; spores 0^{mm}010. — Bords des chemins, talus des fossés des bois sablonneux ou granitiques. — Avallon ! forêt d'Othe ! — A. R. — Printemps.

132. — 3. P. URNIGERUM Schimp. — Pogonaton à fruits en forme d'urne. — *Polytrichum* L.

Plante en touffe lâche, d'un vert rougeàtre ; tiges allongées, rameuses ; feuilles linéaires, étalées, terminées par une longue pointe ; capsule dressée cylindrique ; spores 0^{mm}012. — Sur la terre argilo-sablonneuse des bois. — Venoy ! — R. R. — Printemps.

Genre III. — **POLYTRICHUM** L., Polytric.

(Polus, beaucoup, trikos, cheveu ; allusion à l'abondance des poils qui recouvre la coiffe).

Plantes rigides, rameuses à la base, dioïques ; tiges dressées, ligneuses ; feuilles engaînantes, nervure occupant presque tout le limbe au sommet ; capsule longuement pédicellée, inclinée, anguleuse, horizontale après maturité, coiffe velue, péristome à 32 ou 64 dents.

1 { Capsule sexangulaire, feuilles dentées. . . *P. formosum* (1).
  { Capsule quadrangulaire, feuilles entières ou dentées. . . . **2**

2 { Feuilles terminées par un long poil blanc rigide. *P. piliferum* (2).
  { Feuilles non terminées par un poil blanc. **3**

3 { Feuilles entières . . . . *P. Juniperinum* (3).
  { Feuilles dentées. . . . . *P. commune* (4).

133. — 1. P. FORMOSUM Hedw. — Polytric élégant. — *P. commune*, var. *attenuatum* Hoock et Tayl.

Plante lâchement cespiteuse, d'un vert foncé ; feuilles linéaires, lancéolées, à marge diaphane dentée ; capsule quadrangulaire ou sexangulaire, jaunâtre, dressée, horizontale après maturité, coiffe élargie à la base, duvet dépassant à peine la capsule, opercule conique, rostré. -- Sur la terre sèche, dans les bois sablonneux ou granitiques. — Forêt d'Othe ! Jonches ! etc. — A. R. — Eté.

134. — 2. P. PILIFERUM Schreb. — Polytric pilifère. — *P. commune* var. *pilosum* L.

Plante cespiteuse, d'un vert gris ; feuilles lancéolées, concaves, entières, les supérieures linéaires agglomérées au sommet de la tige, toutes terminées par un long poil blanc ; capsule tétragone, dressée, puis horizontale, opercule subitement rostré ; spores 0mm 010. — Sur la terre sèche, dans les bois sablonneux ou granitiques. — C. C. — Printemps.

135. — 3. P. JUNIPERINUM Hedw. — Polytric à feuilles de genévrier.

Plante en touffe, d'un vert glauque ; feuilles entières, lancéolées, linéaires, étalées, brièvement aristées par la nervure excurrente ; capsule tétragone, opercule conique ; spores 0ᵐᵐ 006. — Sur la terre humide, bois, bruyères. — C. - Printemps.

136. — 4. P. COMMUNE L. — Polytric commun.

Plante grande, en touffe lâche, d'un vert foncé ; feuilles allongées, étalées, arquées, les périchétiales terminées par un poil court ; capsule tétragone, coiffe resserrée à la base, recouverte d'un duvet roux soyeux, qui dépasse la base de la capsule, opercule conique ; spores 0ᵐᵐ 008. — Sur la terre humide des bois, tourbières. — C. C. — Printemps.

Fam. XXVI. — BUXBAUMIÉES

1. { Capsule pédicellée	*Buxbaumia* (ii).
{ Capsule sessile.	*Diphyscium* (i).

Genre I. — **DIPHYSCIUM** Mohr., Diphyscie.

(Dis, en deux, phuskion, vésicule ; allusion à la forme bossue de la capsule simulant une double vésicule).

137. — 1. D. FOLIOSUM Mohr. — Diphyscie foliée. — *Buxbaumia* L.

Plantes agrégées, formant un tapis serré, ras, d'un vert noirâtre, dioïques ; tige très courte, simple ; feuilles des tiges stériles, étalées, entières, arête aussi longue que la feuille, les périchétiales membraneuses, dentées ou laciniées, nervure large, occupant le tiers du limbe ; capsule sessile, ovale, conique, gibbeuse, verte, opercule conique, péristome double, l'interne formé par une membrane blanche à 16 plis contournés en spirale conique ; spores 0ᵐᵐ 010. — Sur la terre siliceuse ombragée, talus des lieux excavés. — Carrières des roches siliceuses de la forêt d'Othe, à Joigny ! — R. R. R. — Septembre.

Genre II. — **BUXBAUMIA** Haller, Buxbaumie.

(Dédié au botaniste Buxbaum, contemporain de Linné).

Plante solitaire, dressée, haute de 1 centimètre, d'un rouge brun, dioïque ; tige très courte, pourvue de radicelles nombreuses, débris des feuilles détruites ; capsule ovale, bossue, insérée sur le dos, pédicelle pourpre, rugueux, de la longueur de la capsule, opercule conique, obtus, coiffe cylindrique, brusquement terminée par une pointe, péristome double, l'interne formé par une membrane à 32 plis, contournés en spirale conique.

138. — 1. B. APHYLLA Haller. — Buxbaumie sans feuilles.— *Saccophorum aphyllum* Pal. de B.

Sur la terre sablonneuse nue, dans les bois découverts, talus des fossés des bruyères. — Perrigny ! forêt d'Othe ! Thureau de Saint-Denis à Bleigny-le-Carreau ! Jonches ! — R. R. — Automne, printemps. — Spores $0^{mm}008$.

SECTION II.

—

MOUSSES PLEUROCARPES

Fructification latérale ; innovations terminales.

FAM. XXVII. — FONTINALÉES

Genre I. — **FONTINALIS** Dillen., fontinale.

(Fontinalis des fontaines ; allusion à l'habitat de la plante).

Plante aquatique, dioïque ; feuilles sans nervures ; capsule subsessile, incluse dans le périchète, péristome double, l'extérieur à 16 dents, l'intérieur à 16 cils disposés en cône et réunis par des mailles en forme de réseau, coiffe mitriforme lobée.

130. — 1. F. ANTIPYRETICA L. — Fontinale incombustible.
— *Pilotrichum antipyreticum* C. Muller.

Plante en touffe souvent épaisse, nageante, d'un vert foncé ; tiges rameuses, dénudées, ligneuses et noires à la base ; feuilles disposées sur trois rangs réguliers, celles de la tige ovales, carénées, aiguës, les périchétiales concaves, imbriquées, arrondies au sommet et appliquées sur le fruit ; capsule ovale, verte, opercule conique ; spores 0^{mm}018. - Sur la pierre, la terre, les racines, au bord des eaux courantes ou tranquilles. — Ruisseau de Baulches, au pont de Pierre ! Marais d'Andryes ! Tonnerre ! Avallon ! — Stérile, C. C. — Fructifiée R.

<small>Fructifie rarement et seulement dans les eaux tranquilles.</small>

FAM. XXVIII. — CRYPHÉES

Genre I. — **CRYPHŒA** Mohr., Cryphée.

(Kruptos, caché ; allusion à la capsule sessile renfermée dans les feuilles périchètiales).

140. — 1. C. HETEROMALLA Mohr. — Cryphée unilatérale.
— *Neckera* Hedw.; *Daltonia* Hook.

Plante en gazon peu fourni, d'un vert foncé ; tige primaire rampante, les secondaires ascendantes, peu rameuses, à rameaux courts ; feuilles ovales, arrondies, aiguës, à bords un peu repliés, étalées, nervure forte, dépassant le milieu du limbe, feuilles périchétiales d'un vert pâle, cuspidées par la nervure excurrente ; capsules ovales, oblongues, unilatérales, opercule conique, aigu, coiffe mitriforme, péristome double ; spores 0^{mm}015. — Sur l'écorce des vieux peupliers, des saules — Auxerre ! Venoy ! — R. R. — Printemps.

Fam. XXIX. — NECKÉRÉES

Genre **NECKERA** Hedw., Neckère.
(Dédié à Necker).

Tiges dressées à rameaux pinnés ; feuilles aplanies, scarieuses, brillantes, souvent ondulées ; capsule régulière, pédicellée ou sessile, dressée, coiffe dimidiée, péristome double ; fleurs monoïques ou dioïques.

(Feuilles ondulées d'un vert foncé . . . . . . *N. crispa* (1).
(Feuilles planes d'un vert jaunâtre. . . *N. complanata* (2).

141. — 1. N. CRISPA Hedw. — Neckère crispée. — *Hypnum* L.

Plante en touffe épaisse, rigide, d'un vert foncé, dioïque ; tige ligneuse à la base, longue de 10 à 15 centimètres et plus, rameuse, rameaux souvent groupés ; feuilles ondulées, un peu dentées au sommet ; capsule brune, pédicellée, coiffe un peu velue, dents du péristome externe arquées, conniventes, jaunes ; spores 0^{mm} 020. — Rochers calcaires ombragés, vieux troncs. — Mailly-le-Château ! Arcy ! Andryes ! forêt d'Othe ! — R. — Printemps.

142. — 2. N. COMPLANATA Br. et Sch. — Neckère aplatie. — *Leskea* Hedw.; *Omalia* Brid.

Plante en touffe lâche et molle, d'un vert pâle, dioïque ; tige rameuse, rameaux effilés ; feuilles soyeuses, non ondulées ; capsule pédicellée, rouge à la maturité, coiffe glabre ; spores 0^{mm} 015. — Sur les troncs des arbres, dans les bois, les haies. — Bois du parc à Mailly-le-Château ! — A. C. — Fruit R. — Printemps.

Fam. XXX. — HOMALIÉES

Genre **HOMALIA** Bridel., Homalie.

(Omalos, plan ; allusion aux feuilles planes non ondulées).

Plante rameuse, à rameaux pinnés, monoïque ; feuilles distiques, planes ou arquées, ovales, soyeuses, nervure faible ou nulle ; capsule pédicellée, coiffe dimidiée, opercule conique à bec oblique, péristome double.

143. — 1. HOMALIA TRICHOMANOIDES Br. et Sch. — Homalie faux politric. — *Hypnum* Schreb. ; *Leskea* Hedw.

Plante en touffe lâche, d'un beau vert ; tiges dressées, arquées ; feuilles brusquement apiculées, finement dentées, distiques et courbées, nervure faible, atteignant le milieu du limbe ; capsule cylindrique, droite ou un peu penchée, péristome blanchâtre ; spores 0^{mm} 012. — Sur la terre humide, pied des arbres, bords des ruisseaux des bois. — A. C. — Automne.

Fam. XXXI. — LEUCODONTÉES

| Feuilles sans nervure . . . . | *Leucodon* (i). |
| Feuilles nervées . . . . | *Antitrichia* (ii). |

Genre I. — **LEUCODON** Schwæg., Leucodon.

(Leucos, blanc, odous, dent ; allusion à la couleur blanche du péristome).

Tiges dressées, souvent arquées, très peu rameuses, à feuillage serré ; feuille dépourvue de nervure, sillonnée ; capsule pédicellée, coiffe dimidiée, grande, dépassant la base de la capsule, péristome simple, à 16 dents profondément bifides, blanches ; fleurs dioïques.

144. — 1. LEUCODON SCIUROIDES Schwægr. — Leucodon queue d'Écureuil. — *Hypnum* L.; *Neckera* Muller.

Plante en touffe souvent étendue, ferme, d'un vert foncé ; feuilles ovales, aiguës, entières, souvent couvertes de corpuscules bruns, cellules petites, arrondies, égalant 0^{mm} 006 ; capsule cylindrique, pédicelle en partie caché par les feuilles périchétiales, dents du péristome cloisonnées ; spores 0^{mm} 018. — Sur les troncs d'arbres. — C. C. — Fructifie seulement sur les gros chênes de la futaie de Courbépine, près Bussy ! — Printemps.

Genre II. — **ANTITRICHIA** Brid., Antitric.

(Anti contre, trix, cheveu ; allusion aux cils du péristome interne, opposé aux dents du péristome externe).

145. — 1. A. CURTIPENDULA Brid. — Antitric court pendu. — *Hypnum* L.; *Anomodon* Hook et Tayl.

Plante en touffe épaisse, rigide, d'un vert pâle, dioïque ; tiges rameuses, à rameaux allongés, pendants, irrégulièrement pinnés ; feuilles ovales oblongues, cuspidées, enroulées au bord, dentées au sommet, nervure n'atteignant pas le sommet, accompagnée à la base de stries courtes ; capsule oblongue, brièvement pédicellée, coiffe dimidiée, opercule conique, péristome double ; spores 0^{mm}020. — Sur les troncs d'arbres, les roches ombragées, humides. -- A. R. — En fruit futaie de Courbépine ! Avallon ! — Printemps.

Fam. XXXII. — LESKÉES

Genre I. — **LESKEA** Hedw., Leskée.
(Dédié au botaniste Leske, de Leipsig).

Plante rampante, à ramuscules courts, redressés ;
feuilles toutes semblables ; fleurs monoïques ou
dioïques ; capsule dressée cylindrique, coiffe dimidiée, opercule conique, péristome double, blanc,
l'externe à dents incurvées, l'interne à cils trans-
parents conivents.

146. — 1. L. POLYCARPA Ehrh. — Leskée polycarpe. —
Hypnum medium Dicks.

Plante en touffe aplatie, d'un vert foncé, monoïque ;
feuilles ovales, aiguës, étalées, nervées ; capsule à
peine arquée, d'un jaune orangé à la maturité ;
spores 0^{mm} 012. — Sur les troncs d'arbres, peupliers, saules, bois morts, racines. — C. — Printemps.

Genre II. — **ANOMODON** Hook et Tayl., Anomodon.

(Anomos, irrégulier, odous, dent ; allusion aux cils irréguliers
du péristome interne).

Plante à rameaux allongés, presque simples ou fasciculés, irrégulièrement ramuleux ; feuilles de deux
sortes : celles de la tige petites, membraneuses,
celles des rameaux plus grandes, opaques, à cellules très petites, arrondies ; fleurs dioïques ; capsule pédicellée, dressée, régulière, coiffe dimidiée,
opercule conique, aigu, péristome double, l'extérieur à 16 dents, l'intérieur à 16 cils courts, irréguliers, fugaces.

1 { Tiges secondaires simples ou presque simples, arquées,
    dressées ou pendantes . . . . . . *A. viticulosus* (3).
    Tiges secondaires rameuses 2

2 { Feuilles aiguës. . . . . *A. longifolius* (1).
    Feuilles mutiques . . . . *A. attenuatus* (2).

147. — 1. A. LONGIFOLIUS Hartm. — Anomodon à longues

feuilles. — *Hypnum* C. Muller ; *Pterigynandrum* Schleich.

Plante gazonnante d'un vert foncé ; tige rameuse à ramuscules allongés filiformes ; feuilles un peu transparentes, linéaires, lancéolées, aiguës, trois à quatre fois aussi longues que larges, nervure traversant la feuille ; capsule cylindrique, incluse dans les rameaux. — Sur les racines des arbres, les pierres calcaires couvertes de terre. — Bois sur le tunnel de Saint-Moré ! — R. R. — Hiver, printemps.

Stérile.

148. — 2. A. ATTENUATUS Hartm. — Anomodon atténué. — *Hypnum* Schred.; *Leskea attenuata* Hedw.

Plante en gazon épais, d'un vert terne ; tiges secondaires fasciculées, rameuses ; feuilles opaques, ovales, lancéolées, mutiques ou très brièvement apiculées, deux fois aussi longues que larges, nervure transparente, n'atteignant pas le sommet du limbe ; capsule cylindrique dépassant les rameaux. — Sur les rochers granitiques, le pied des arbres dans l'Avallonnais (Dey) ! — R. R. — Automne.

Stérile.

149. — 3. A. VITICULOSUS Hook et Tayl. — Anomodon sarmenteux. — *Neckera* Hedw.; *Hypnum* L.

Plante en touffe épaisse, d'un vert foncé et jaunâtre au sommet ; rameaux secondaires, allongés, simples, formés de pousses de plusieurs années ; feuilles oblongues, lancéolées, arrondies au sommet, un peu ondulées, opaques, nervure n'atteignant pas le sommet, péristome à dents petites, fragiles ; spores 0^{mm} 012. — Rochers ombragés, troncs d'arbres, haies. — Seignelay ! Mailly-la-Ville ! Saint-Fargeau (Déy) ! — C. C. — Fruits R. — Printemps.

Fam. XXXIII. — THUIDIÉES

Genre I. — **THUIDIUM** Schimp., Thuidie.

(Thuia, thuya, eïdos, apparence ; allusion à la forme de la plante
qui ressemble au Thuya).

Tiges couchées ou dressées, simplement pinnées ou
bitripinnées ; feuilles triangulaires à réseau hexa-
-gonal arrondi, nervées ; capsule longuement pédicellée, arquée, penchée, coiffe dimidiée, opercule
rostré, péristome double, cils de l'interne accompagnés de cilioles ordinairement ternés.

1	Tige simplement pinnée. . . . . *T. abietinum* (3).	
	Tige bi-tripinnée	2
2	Tige bipinnée . . . . *T. delicatulum* (2).	
	Tige tripinnée. . . . . *T. tamariscinum* (1).	

150. — 1. T. TAMARISCINUM Br. et Sch. — Thuidie tamarix.
Hypnum Hedw.; *Hypnum proliferum* L.

Plante en touffe d'un beau vert panaché de rouge et
de jaune, dioïque ; feuilles caulinaires, ovales,
aiguës, crénelées, nervure dépassant un peu le
milieu de la feuille, opercule longuement rostré ;
spores 0^{mm} 012. — Sur la terre humide, bois,
rochers, haies. - - C. — A. R. en fruit. — Hiver.

151. — 2. T. DELICATULUM Br. et Sch. — Thuidie fluette. —
Hypnum L.; *Hypnum recognitum* Hedw.

Plante en touffe épaisse, lâche, d'un vert jaunâtre
ocracé, dioïque ; tiges rameuses rampantes, rameaux dressés, bipinnés ; feuilles caulinaires,
triangulaires, plissées, terminées par une pointe
dentée, nervure atteignant la pointe ; feuilles des
ramuscules ovales, aiguës, obscurément dentées ; ·
capsule arquée, opercule aigu ; spores 0^{mm} 012. —
Coteaux calcaires arides, bords des chemins, rochers

des bois. — Vincelles ! Mailly-la-Ville ! — A. C. —
Fruits R. — Été. — Elle couvre parfois une étendue
de plusieurs mètres.

152. — 3. T. ABIETINUM Br. et Sch. — Thuidie des Sapins.
— *Hypnum* L.

Plante en touffe rigide d'un vert jaune terne, dioïque;
tiges dressées, peu rameuses, rameaux simplement
pinnés; feuilles les unes ovales, acuminées, sillonnées, les autres triangulaires, nervure atteignant
les trois quarts de la feuille ; capsule cylindrique,
presque droite. — Lieux arides des terrains calcaires, mergers, buissons. — A. C.

Stérile.

Fam. XXXIV. — **PTÉROGONIÉES**

Plante rampante; une nervure. . . .	*Plerigynandrum* (i).
Plante dressée ; deux nervures	*Plerogonium* (ii).

Genre I. — **PTERIGYNANDRUM** Hedw., ptérigynandre.

(Pteros, aile, gunè, femelle, anèr, mâle; allusion à la disposition
axillaire des fleurs mâles et femelles).

153. — 1. P. FILIFORME Hedw. — Ptéregynandre filiforme.
Hypnum Timm.; *Plerogonium* Schwœgr.

Plante filiforme, en touffe apprimée, d'un beau vert,
dioïque ; tige rameuse, rameaux arqués, la plupart
tournés du même côté ; feuilles oblongues, concaves, aiguës, trois fois aussi longues que larges,
très finement dentées au sommet, nervure faible,
atteignant à peine le milieu du limbe ; capsule
dressée, pédicellée, coiffe nue, opercule conique,
aigu, péristome double, l'interne à cils rudimen-
taires. — Roches de grès grossier, à Merry-sur-Yonne
(Dey) ! — R. R. — Printemps.

Genre II. — **PTEROGONIUM** Swartz, ptérogone.

(Pteros, aile, goné, semence ; allusion à l'insertion axillaire des capsules).

154. — 1. P. GRACILE Swartz. — Ptérogone grêle. — *Hypnum* L.; *Pteriginandrum* Hedw.

Plante en touffe gonflée, rigide, d'un vert jaunâtre brillant, dioïque ; tiges secondaires dressées, fastigiées, rameuses au sommet, rameaux arqués et tournés dans le même sens ; feuilles ovales, aiguës, concaves, fortement dentées dans le tiers supérieur, nervure double, atteignant le milieu du limbe ; capsule cylindrique, légèrement arquée, opercule rostré, coiffe un peu velue, péristome double, l'interne égalant la moitié de la longueur de l'externe ; spores 0^{mm} 012. — Rochers granitiques ou siliceux. — Avallonnais ! forêt d'Othe ! — R. — Rencontrée une fois en fruits près de la fontaine située sur la rive droite du Cousin, avant d'arriver à Pont-Aubert. — Printemps.

FAM. XXXV. — CYLINDROTHÉCIÉES

1 {	Plante rampante; feuilles sans nervures. . *Platigyrium* (i).
	Plante dressée dendroïde; feuilles nervées . *Climacium* (ii).

Genre I. — **PLATYGYRIUM** Br. et Sch., Platygyre.

(Platus, large, geiros, anneau : allusion à l'anneau très large de la capsule)

155. — 1. P. REPENS Br. et Sch. — Platygyre rampant. — *Plerigynandrum* Brid.; *Pterogonium* Schwœg.; *Anomodon* de Not.

Plante rampante en gazon circulaire, d'un vert jaunâtre dioïque ; tiges irrégulièrement rameuses, rameaux redressés ; feuilles oblongues lancéolées, soyeuses, trois fois aussi longues que larges, sans nervure ; capsule oblongue, arrondie à la base,

coiffe dimidiée, opercule rostré, péristome double,
l'extérieur à 16 dents libres, l'intérieur à 16 cils
libres, aussi longs que les dents, cilioles nuls ;
spores 0^{mm} 015. — Pied des peupliers, vieux ceps
de vigne. — Auxerre ! — R. — Printemps.

Genre II. — **CLIMACIUM** Web. et Mohr., climacie.

(Climakion, petite échelle ; allusion aux cils du péristome interne
cloisonnés, simulant une échelle).

156. — 1. C. DENDROIDES Web. et Mohr. — Climacie en
arbre. — *Hypnum* Dill.; *Leskea* Hedw.; *Neckera* Bridel.

Plante d'un vert pâle, soyeuse ; tige rigide, dressée,
nue à la base, rameuse au sommet ; feuilles oblongues, lancéolées, bi-sillonnées, dentées au sommet,
nervées ; capsules oblongues, dressées, pédicellées,
souvent agrégées, coiffe dimidiée, dépassant la base
de la capsule, opercule aigu, péristome double,
l'externe à 16 dents entières, opaques, conniventes,
l'interne à 16 cils cloisonnés au niveau des articulations, cilioles nuls ; spores 0^{mm} 015. — Prairies
marécageuses, lieux humides des bois. — A. C. —
Automne.

Toujours rencontrée stérile.

FAM. XXXVI. — PYLAISIÉES

Genre **PYLAISIA** Schimper., pylaisie.
(Dédié au botaniste De la Pylaie).

157. — 1. P. POLYANTHA Schimp. — Pylaisie multiflore.
— *Leskea* Hedw.; *Hypnum polyanthos* Schreb.

Plante gazonnante d'un beau vert ; tiges rameuses,
rampantes, rameaux courts, dressés ; feuilles concaves, ovales, terminées par une pointe courte,
deux fois aussi longues que larges, sans nervure ;

capsule dressée cylindracée, un peu atténuée à la base, coiffe dimidiée, opercule conique, aigu, péristome double, l'externe à 16 dents, l'interne à 16 cils cloisonnés ou bipartis, cilioles nuls; spores 0^{mm}012. — Pied des peupliers, vieux ceps de vignes. — A. C. — Automne.

Fam. XXXVII. — **HYPNÉES**

Capsule arquée, penchée ou horizontale, rarement dressée, coiffe dimidiée, recouvrant à peine le milieu de la capsule, opercule mamillaire, conique ou rostré, péristome double parfait, l'externe formé de 16 dents entières, lancéolées, aiguës, à articulations rapprochées, l'interne à 16 cils carénés, entiers ou cloisonnés sur la carène, accompagnés de deux à trois cilioles entiers ou appendiculés, rarement imparfaits ou nuls, naissant, ainsi que les cils, d'une large membrane basilaire.

1 { Rameaux aplatis ; feuilles déjetées de chaque côté   2
   { Rameaux arrondis ; feuilles éparses.   3

2 { Nervure nulle ou bipartite, atteignant à peine le tiers du limbe . . . . *Plagiothecium* (viii).
   { Nervure dépassant la moitié du limbe . . . .
    . . . . *Amblystegium* (ix).

3 { Capsules dressées.   4
   { Capsules penchées, (rarement subdressées ; *Amblystegium*). .   6

4 { Tiges secondaires dressées dendroïdes . . . *Isothecium* (i)
   { Tiges jamais dendroïdes.   5

5 { Feuilles sillonnées nervées . . . . . *Homalothecium* (ii)
   { Feuilles lisses dépourvues de nervure . . . *Hypnum* (x).

6 { Tiges dressées simples rigides, nues à la base, fasciculées rameuses au sommet, dendroïdes . . . *Thamnium* (vii).
   { Tiges jamais dendroïdes.   7

7 { Tige ligneuse ; feuilles scarieuses brillantes, étalées, faiblement bi-nervées ou sans nervure . . . *Hylocomium* (xi).
   { Tige non ligneuse.   8

8 { Opercule longuement rostré, aussi long que la capsule . . .   9
  { Opercule conique aigu ou mamillaire, plus court que la capsule. 10

9 { Tige plus ou moins pinnée, rameuse ; feuille subscarieuse. .
  { . . . . _Eurhynchium_ (v).
  { Tige vaguement rameuse ; feuilles molles. _Rhynchostegium_ (vi).

10 { Plante jaunâtre ; feuilles fortement striées, raides, 5 à 6 fois
   {   aussi longues que larges. . . . . _Camptothecium_ (iii).
   { Plante verte ou blanchâtre ; feuilles peu ou point striées,
   {   molles 3 à 4 fois aussi longues que larges. 11

11 { Capsule courte ovale gibbeuse. . . . _Brachythecium_ (iv).
   { Capsule oblongue cylindrique. . , ... 12

12 { Réseau des feuilles lâche ; opercule arrondi obtus, brièvement
   {   apiculé , péristome plus large que la capsule. _Amblystegium_ (ix)
   { Réseau des feuilles serré, linéaire ou vermiculaire ; opercule
   {   conique ou submamillaire apiculé. . . . . _Hypnum_ (x).

Genre I. — **ISOTHECIUM** Brid., Isothèque.

(Isos, égal, thèkè, urne ; allusion à la forme régulière des capsules).

158. — 1. I. MYURUM Brid. — Isothèque queue de rat. — _Hypnum_ Brid.; _Hypnum myosuroïdes_ Hedw.

Plante en touffe lâche, d'un vert pâle, dioïque ; tige rameuse, rameaux dressés, dendroïdes, arqués, tournés du même côté ; feuilles ovales, oblongues, concaves, brusquement terminées par une pointe courte, dentées au sommet, nervure plus pâle, dépassant le milieu du limbe ; capsule oblongue, régulière, dressée, opercule conique, à base plus large que le sommet de la capsule, péristome d'un jaune pâle ; spores 0^{mm} 012. — Lieux ombragés, humides, pied des arbres, rochers. — C. — Printemps.

Genre II. — **HOMALOTHECIUM**, Homalothèque).

(Omalos, uni, thèkè, capsule ; allusion aux capsules uniformes régulières).

159. — 1. H. SERICEUM Br. et Sch. — Homalothèque soyeux. _Hypnum_ L.; _Leskea_ Hedw.

Plante gazonnante d'un vert foncé, soyeuse, dioïque ; tige rampante, rameuse, rameaux extérieurs ram-

pants, triangulaires, pinnés, ramuleux, ceux du
centre dressés ; feuilles dressées, lancéolées, raides,
striées, munies au sommet de très petites dents
écartées, blanchâtres ; opercule conique obtus,
coiffe un peu velue à la base, cilioles nuls ; spores
$0^{mm} 010$. — Sur les pierres, les murs, les troncs
de peupliers et surtout les vieux saules. — C. C. —
Hiver.

Genre III. — **CAMPTOTHECIUM** Schimp., Camptothèque.
(Camptos, arqué, thèkè, urne ; allusion à la capsule sèche arquée).

160. — 1. C. LUTESCENS Br. et Sch. — Camptothèque jaunâtre. — *Hypnum* Hedw.

Plante en touffe lâche, brillante, soyeuse, d'un vert
jaunâtre, dioïque ; tige rameuse, rameaux ascendants, irrégulièrement pinnés ; feuilles lancéolées,
longuement acuminées, entières, dressées, rigides
et très striées ; capsule légèrement penchée ;
spores $0^{mm} 012$. — Sur la terre, les pierres, les brous-
sailles, haies, buissons, mergers. — C. C. — Printemps.

Genre IV. — **BRACHYTHECIUM** Schimp., Brachythèque.
(Brachu, épais, thèkè, urne ; allusion à la capsule épaisse et courte).

Plantes rameuses, plus ou moins distinctement
pinnées, monoïques ou dioïques ; capsule courte,
ovale, bossue, pédicelle lisse ou rugueux, opercule
convexe, conique, aigu, péristome parfait.

1	Pédicelle lisse	2
	Pédicelle scabre	5
2	Feuilles entières . . . . *B. milldeanum* (3).	
	Feuilles plus ou moins dentées	3
3	Feuilles dentées au sommet . . . . . . *B. albicans* (2).	
	Feuilles dentées tout autour	4
4	Plante verte à reflet soyeux blanchâtre . *B. salebrosum* (1).	
	Plante verte soyeuse . . . . *B. salicinum* (4).	

SECTION I.

PÉDICELLE LISSE

161. — 1. B. SALEBROSUM Schimp. — Brachythèque rude.
— *Hypnum* Hoffm.

Plante en touffe étalée, d'un vert blanchâtre, soyeux,
monoïque ; tiges radicantes, rameuses, rameaux
extérieurs rampants, pinnés, aigus ; feuilles ovales,
lancéolées, acuminées, sillonnées, dentées, demi-
nervées ; capsule ovale, opercule conique ; spores
0^{mm} 006. — Sur les bois morts, pied des arbres, dans
les lieux humides. — P. C. — Hiver.

162. — 2. B. ALBICANS Schimp. — Brachythèque blanchâtre.
— *Hypnum* Necker.

Plante blanchâtre, en touffe compacte, dioïque ; tiges
rampantes, rameuses, rameaux dressés, arqués,
arrondis, aigus, presque simples ; feuilles ovales,
oblongues, acuminées, sillonnées, dentées au sommet, nervure dépassant un peu le milieu du limbe ;
capsule ovale brune ; spores 0^{mm} 012. — Sur la
terre sablonneuse. — Appoigny ! — C. — Fruit R.
— Printemps.

163. — 3. B. MILDEANUM. — Brachythèque de Milde. —
Hypnum Schimp.

Plante en touffe lâche, d'un vert jaunâtre soyeux, monoïque ; tiges rampantes, peu rameuses, rameaux étalés ou ascendants, aigus ; feuilles ovales, aiguës, étalées, entières, sillonnées, à base large, nervure dépassant le milieu du limbe ; capsule ovale, bossue, peu penchée, opercule convexe, aigu ; spores 0^{mm}014. — Sur la terre humide. — Base des talus de la chambre d'emprunt de la gare d'Auxerre! — R. — Printemps.

164. — 4. B. SALICINUM Br. et Schimp. — Brachythèque des Saules.

Plante en gazon ras, d'un beau vert soyeux, monoïque ; tiges rampantes, rameuses, rameaux courts, étalés ; feuilles distantes, ovales, oblongues, acuminées, lâchement et obscurément denticulées, nervure dépassant le milieu du limbe ; capsule ovale, opercule conique à pointe allongée. — Base des troncs de saules, de peupliers, dans les prés humides. — Auxerre! — R. — Printemps.

SECTION II.

PÉDICELLE SCABRE

165. — 5. B. VELUTINUM Br. et Sch. — Brachythèque velouté. — *Hypnum* Dill.

Plante en gazon ras, d'un beau vert soyeux, monoïque ; tiges rampantes, rameuses, rameaux courts, étalés ; feuilles ovales, lancéolées, dentées, nervure dépassant le milieu du limbe ; capsules nombreuses, ovales, bossues, horizontales, opercule convexe, conique, mutique ; spores 0^{mm}015. — Sur la terre ombragée, humide. — C. C. — Printemps.

166. — 6. B. RUTABULUM Br. et Sch. — Brachythèque fourgon. — *Hypnum* L.

Plante en touffe d'un vert terne, monoïque ; tiges
rampantes, rameuses, rameaux courts, dressés ;
feuilles étalées, ovales, lancéolées, aiguës, dentées,
demi nervées ; capsule ovale brune, opercule
conique, acuminé, spores $0^{mm}015$. — Lieux humides. — Sur les pierres, la terre, le pied des arbres.
— C. C. — Hiver.

167. — 7. B. CAMPESTRE Br. et Sch. — Brachythèque des
Champs. — *Hypnum* Bruch.

Plante en touffe plane, d'un vert jaunâtre, soyeuse,
monoïque ; tiges rampantes, rameuses, rameaux la
plupart dressés, courts, quelques-uns rampants,
pinnés ; feuilles étroitement imbriquées, un peu
étalées, raides, lancéolées, subulées, dentées
seulement à la pointe, offrant 2 à 5 sillons
inégaux, demi nervées, les périchétiales recourbées, pilifères, pédicelle scabre au sommet ; spores
$0^{mm}012$. — Base des vieux saules. - Dans la prairie
marécageuse de Sainte-Nitace à Auxerre ! — R. —
Hiver.

168. — 8. B. RIVULARE Br. et Sch. — Brachythèque des rives.
— *Hypnum* Bruch.

Plante en touffe épaisse d'un vert jaunâtre, soyeuse,
dioïque ; tige couchée, dénudée à la base, rigide,
rameuse, rameaux dressés ou arqués, brusquement
terminés en pointe ; feuilles ovales, oblongues,
concaves, subitement acuminées, munies de petites
dents écartées, nervure dépassant le milieu du
limbe. — Sur la terre sablonneuse, humide, bords
des étangs, des fossés. — Appoigny ! Charbuy !
— R. R. — Automne.

Toujours trouvée stérile.

169. — 9. B. POPULEUM Schimp. — Brachythèque des Peupliers. — *Hypnum* Hedw.

Plante en gazon ras d'un vert terne, monoïque ; tiges
rampantes, rameuses, rameaux étalés aigus , feuilles
ovales, oblongues, longuement acuminées, dentées
au sommet, nervées jusqu'à la pointe ; capsule
ovale, pédicelle légèrement scabre au sommet ;
spores 0^{mm} 012. — Sur la terre, au pied des arbres.
— Forêt d'Othe ! — R. — Hiver.

170. — 10. B. PLUMOSUM Br. et Schimp. — Brachythèque
plumeux. — *Hypnum* Swartz.

Plante en touffe compacte d'un vert jaunâtre, monoïque ; tiges rameuses, rameaux arqués ; feuilles
ovales lancéolées, terminées par une pointe oblique,
entières, demi-nervées ; capsule ovale , brune,
pédicelle scabre au sommet ; spores 0^{mm} 012. — Sur
la terre humide, — Lisière des bois de la Puysaie
(Déy) ! — R. — Printemps.

Genre V. — **EURHYNCHIUM** Schimper, Eurhynque.

(Eu, bien, rugchos, bec; allusion à la forme de l'opercule, terminé
en bec allongé).

Plantes à rameaux plus ou moins pinnés ; feuilles
subscarieuses, dentées, à réseau hexagonal, rhomboédrique ; capsule arquée, penchée, oblongue,
opercule longuement rostré, péristome parfait.

1	Feuilles plus ou moins sillonnées	3
	Feuilles non sillonnées	2
2	Feuilles oblongues aiguës . . . . *E. prœlongum* (5).	
	Feuilles arrondies cordées longuement acuminées	
	. . . . *E. Stokesii* (6).	
3	Pédicelle scabre	4
	Pédicelle lisse	5
4	Rameaux régulièrement pinnés. . . . . *E. strigosum* (1).	
	Rameaux irrégulièrement pinnés . . . . . *E. striatum* (2).	
5	Feuilles supérieures des rameaux brusquement terminées par une longue pointe flexueuse . . . . . *E. piliferum* (4)	
	Feuilles apiculées. . . . . *E. crassinervium* (3).	

171. — 1. E. STRIGOSUM Schimp. — Eurhynque élancé. — *Hypnum* Hoffm.

Plante en touffe lâche d'un vert jaunâtre brillant, monoïque; rameaux régulièrement pinnés; feuilles étalées, aiguës, triangulaires, nervées; capsule ovale, oblongue, penchée. — Sur la terre sablonneuse, spongieuse, ombragée. — Toucy ! — R. — Automne.

172. — 2. E. STRIATUM Schimp. — Eurhynque strié. — *Hypnum* Schreb.

Plante en touffe raide, verte, soyeuse, monoïque; rameaux dressés, irrégulièrement pinnés; feuilles étalées, striées, ovales, lancéolées, aiguës, nervées presque jusqu'au sommet; capsule arquée horizontale; spores $0^{mm} 010$. — Sur la terre ombragée humide, au pied des arbres, dans les bois, les haies. — C. C. — Hiver.

173. — 3. E. CRASSINERVIUM Schimp. — Eurhynque à nervure épaisse. — *Hypnum* Taylor.

Plante en gazon peu épais d'un vert jaune terne; tige rameuse, rameaux dressés; feuilles ovales, lancéolées, finement dentées, concaves, brusquement terminées en pointe, nervure épaisse à la base, traversant la feuille; capsule ovale, oblongue, pédicelle épais. — Sur les rochers granitiques. — Avallon ! — R. — Printemps.

Trouvée à l'état stérile.

174. — 4. E. PILIFERUM Br. et Schimp. — Eurhynque pilifère.

Plante en touffe rigide d'un vert foncé, jaune verdâtre, soyeuse au sommet, dioïque; rameaux pinnés; feuilles ovales oblongues, brusquement terminées eu une longue pointe flexueuse, demi-nervées;

7

capsule oblongue, arquée. — Sur la terre ombragée
humide, talus des fossés des bois, chemins creux
des terrains calcaires. — A. C. — Printemps.

Toujours trouvée stérile.

175. — 5. É. PRÆLONGUM Schimp. — Eurhynque allongé. —
Hypnum L.

Plante en touffe molle, souvent épaisse et étendue,
d'un vert mat, dioïque ; rameaux irrégulièrement
pinnés ; feuilles espacées, étalées, ovales, aiguës,
nervées presque jusqu'au sommet ; capsule ovale,
horizontale ; spores 0^{mm} 010. — Sur la terre, les
pierres, pied des murs, bords des bois, prairies artificielles, jardins. — Venoy ! Iles de Beaumont ! — C.
C. — Fruits R. — Printemps.

176. — 6. E. STOKESII Br. et Schimp. — Eurhynque de
Stoke. — *Hypnum* Turn.; *Hypnum prælongum* ; var.
Stokesii Brid.

Plante en touffe compacte, peu épaisse, d'un beau
vert jaunâtre soyeux, dioïque ; feuilles triangulaires, terminées par une longue pointe, nervées
presque jusqu'au sommet ; capsule oblongue, horizontale ; spores 0^{mm} 010. — Sur la terre ombragée,
humide. — C. — Hiver.

Fructifie rarement.

Cette plante, dans le jeune âge, se rencontre souvent
tout à fait apprimée sur la terre où elle forme
d'élégantes ramifications régulièrement pinnées.

Genre VI. — **RHYNCHOSTEGIUM** Schimp., Rhynchostège.

(Rugchos, bec, stègè, couvercle ; allusion à la forme de l'opercule
terminé en bec).

Plante vaguement rameuse ; feuilles toutes semblables, entières ou dentées, nervées, rarement

sans nervure, **réseau rhomboédrique allongé** ; capsule ovale, penchée ou horizontale, opercule longuement rostré, péristome parfait.

1	{ Feuilles entières		**2**
	{ Feuilles dentées		**3**

2	{ Nervure de la longueur de la feuille . . .	*R. tenellum* (1).
	{ Nervure moins longue que la feuille . . .	*R. murale* (3).

3	(Nervure occupant les deux tiers de la feuille.	*R. rusciforme* (4).
	(Nervure occupant la moitié de la feuille .	*R. confertum* (2).

177. — 1. R. TENELLUM Br. et Schimp. — Rhynchostège
délicat. -- *Hypnum* Dicks.

> Plante gazounante, compacte, rameuse, soyeuse, d'un
> beau vert, monoïque ; rameaux rapprochés, dres-
> sés ; feuilles lancéolées, acuminées, étalées, en-
> tières ; capsule ovale horizontale, pédicelle lisse ;
> spores 0^{mm} 010. — Lieux ombragés, humides, sur
> les pierres, dans les bois, les haies. — A. C. — Prin-
> temps.

178. — 2. R. CONFERTUM Br. et Sch. — Rhynchostège compacte. — *Hypnum* Dicks.

> Plante gazonnante, déprimée, rampante, rameuse,
> d'un beau vert brillant, dioïque ; rameaux étalés ;
> feuilles ovales, aiguës, denticulées, demi-nervées ;
> capsule ovale, presque horizontale, pédicelle lisse ;
> spores 0^{mm} 010. — Pieds des peupliers, des frênes,
> bois mort, dans l'intérieur des vieux saules. —
> A. C. — Hiver.

179. — 3. R. MURALE Br. et Sch. — Rhynchostège des murs.
— *Hypnum* Hedw.

> Plante en touffe d'un vert foncé, dioïque ; rameaux
> dressés, arqués, entrelacés, amincis au sommet ;
> feuilles ovales, subitement aiguës, concaves, en-
> tières, demi-nervées ; capsule ovale oblongue, un
> peu arquée, penchée, pédicelle lisse ; spores 0^{mm}012.

— Lieux herbeux, humides, pied des murs. — C.—
Hiver.

180. — 4. R. RUSCIFORME Br. et Sch. — Rhynchostège
fragon. — *Hypnum* Weis. ; *Hypnum riparioïdes*
Hedw.

Plante en touffe serrée, rameuse, polymorphe, d'un
vert foncé, dioïque : tiges couchées, souvent dénudées à la base, rameaux dressés ; feuilles ovales ou
ovales oblongues, denticulées, nervure verte, dépassant le milieu du limbe ; capsule ovale, penchée,
pédicelle lisse ; spores 0^{mm}015. — Bords des eaux,
sur les racines des arbres, les pierres souvent
inondées, les vieux bois, autour des moulins. —
C. C. — Hiver.

Var. *prolixum*. Tiges allongées, rameuses, rameaux
dirigés dans le même sens ; feuilles étroitement
imbriquées. — Racines des arbres dans l'île du
moulin Mi-l'Eau à Auxerre.

Genre VII. — **THAMNIUM** Schimp., Thamnie.

(Thamnion, petit arbrisseau; allusion à la forme dendroïde de la plante).

181. — 1. T. ALOPECURUM Schimp. — Thamnie queue de
renard. — *Hypnum* L.

Plante en touffe rigide, d'un vert foncé, dioïque ; tiges
rampantes, rameuses, rameaux dressés, sous-li-
gneux, souvent nus à la base, ramifiés au sommet,
ramifications agglomérées, arquées, dendroïdes ;
feuilles oblongues, aiguës, triangulaires, dentées,
nervure de la longueur de la feuille ; capsules
oblongues, horizontales, arquées, souvent agrégées,
pédicelle lisse, opercule rostré, cils du péristome
interne cloisonnés, ciliioles ternés, appendiculés ;
fleurs mâles gemmiformes, nombreuses, axillaires
et de couleurs brunes ; spores 0^{mm}010. — Dans les
bois des terrains calcaires ou granitiques, au pied

des arbres, des rochers. — Mailly - le - Château !
Pierre-Perthuis ! — A. C. — Hiver.

Fructifie rarement.

Genre VIII. — **PLAGIOTHECIUM** Schimp., Plagiothèque.

(Plagios, oblique, thèkè, capsule; allusion à la capsule placée obliquement
sur le pédicelle).

Plante couchée ou ascendante, monoïque ou dioïque ;
rameaux aplatis ; feuilles soyeuses, déjetées de
chaque côté, nervure double courte ou nulle ; capsule oblique sur le pédicelle, cilioles appendiculés
ou nuls.

Feuilles à côtés inégaux à deux nervures courtes. . . .
. . . . *P. denticulatum* (2).
Feuilles à côtés égaux bi-striées . . . . . *P. Silesiacum* (1).

182. — 1. P. SILESIACUM Br. et Schimp. — Plagiothèque
de Silésie. — *Hypnum* Seliger ; *Leskea Seligeri*
Brid.

Plante en touffe déprimée, d'un beau vert brillant,
monoïque ; rameaux arqués ; feuilles longuement
acuminées, bi-striées, finement dentées, régulières ;
capsule cylindrique arquée, opercule convexe,
conique, obtus ; spores 0^{mm} 012. — Sur les vieilles
souches, les troncs des saules dans les vernées.
— Saint-Georges ! — R. — Eté.

183. — 2. P. DENTICULATUM Schimper. — Plagiothèque
denticulé. — *Hypnum* L.

Plante en touffe plus ou moins déprimée, d'un beau
vert soyeux, monoïque ; rameaux dressés ou dé-
combants ; feuilles oblongues, brusquement apiculées, à côtés inégaux, nervure double, occupant
environ le quart de la feuille ; capsule cylindrique
arquée, opercule conique apiculé ; spores 0^{mm} 010.
— Sur les vieux bois travaillés, les souches en

décomposition, sur la terre, au pied des rochers siliceux. — A. C. — Printemps.

Genre IX. — **AMBLYSTEGIUM** Schimp., Amblystège.
(Amblus, obtus, stège, couvercle ; allusion à l'opercule obtus).

Plante rampante, déprimée, monoïque ou dioïque ;
feuilles nervées, rarement sans nervure ; capsule
ovale ou cylindrique, penchée, arquée, rarement
presque dressée ; capsule mûre très étranglée au-
dessous de l'orifice, pédicelle lisse, opercule convexe, conique, obtus, brièvement apiculé, péristome parfait, cilioles rarement nuls.

1 { Feuilles nervées ; capsule penchée 2
Feuilles sans nervure ou obscurément nervées ; capsule presque dressée. . . . . *A. subtile* (1).

2 { Feuilles demi-nervées, déjetées de chaque côté de la tige . .
. . . . *A. riparium* (4).
Nervure de la longueur de la feuille ; feuilles éparses . . . 3

3 { Plante d'un vert foncé ; nervure atteignant le sommet de la
feuille. . . . . *A. irriguum* (3).
Plante verte ; nervure finissant au-dessous du sommet de la
feuille . . . . *A. serpens* (2).

184. — 1. A. SUBTILE Hedw. — Amblystège menu. — *Hypnum* Hoffm.

Plante en touffe déprimée, rampante, rameuse, d'un
vert foncé, monoïque ; rameaux courts, dressés ;
feuilles ovales, oblongues, acuminées, réseau plus
serré au milieu du limbe et simulant une large
nervure ; capsule presque droite sur le pédicelle,
cilioles nuls ; spores $0^{mm}010$. — Sur les vieux
troncs, dans les haies humides. — Auxerre ! Bleigny-le-Carreau ! etc. — A. R. — Eté.

185. — 2. A. SERPENS Schimp. — Amblystège serpent. —
Hypnum L.

Plante polymorphe, rampante, en touffe déprimée,
d'un beau vert, monoïque ; rameaux flexueux,

atténués ; feuilles ovales, lancéolées, nervure disparaissant au-dessous du sommet ; capsule cylindrique, penchée, arquée, rouge brique, péristome interne muni de cilioles ; spores 0^{mm} 01. — Lieux ombragés humides, sur les pierres, les vieux troncs, le bois mort. — C. C. — Eté.

186. — 3. A. IRRIGUUM Schimp. — Amblystège arrosé. — *Hypnum* Wilson.

Plante rigide, rampante, rameuse, d'un vert foncé, monoïque ; rameaux subpinnés ; feuilles oblongues, lancéolées, aiguës, nervure jaune, aussi longue que la feuille ; capsule oblongue. — Sur les pierres au bord des ruisseaux, des fontaines. — Chambre d'emprunt à Laroche ! Ile de Beaumont ! — R. — Printemps.

Stérile.

187. — 4. A. RIPARIUM Br. et Schimp. — Amblystège des rives. — *Hypnum* L.

Plante largement gazonnante, déprimée, d'un vert clair, monoïque ; tiges allongées, rameuses, rameaux peu divisés plans ; feuilles ovales, lancéolées, subdistiques, nervure dépassant un peu le milieu du limbe ; capsule arquée horizontale ; spores 0^{mm} 012. — Bords des eaux, sur la terre, le bois mort, les pierres des fontaines et des puits. — A. C. — Eté, automne.

Var. *elongatum* ; tiges très allongées, flottantes ; feuilles distantes. — Fontaine de Vernoux à Bussy !

Genre X. — **HYPNUM** Dill., Hypne.
(Upnon, espèce de mousse qui croit sur les arbres).

Plantes rameuses, rampantes, monoïques ou dioïques ; tiges pinnées ou vaguement rameuses ; feuilles

96   FLORE DE L'YONNE.

dressées ou étalées ou tournées du même côté
réseau linéaire ou vermiculaire, nervure simple,
double ou nulle ; capsule ovale, cylindrique, penchée, arquée, opercule convexe, mamillaire, péristome parfait.

1 { Capsule dressée . . . . *H. cupressiforme* (9).
  { Capsule penchée ou horizontale 2

2 { Tige très régulièrement pinnée, rameuse 3
  { Tige vaguement rameuse, pinnée, ou presque simple. . . . 5

3 { Feuilles nervées 4
  { Feuilles sans nervures. . . . . . . *H. molluscum* (10).

4 { Feuilles rugueuses très sillonnées . . . . *H. rugosum* (8).
  { Feuilles ni rugueuses ni sillonnées . . . *H. filicinum* (7).

5 { Feuilles ovales oblongues, obtuses ou apiculées 6
  { Feuilles lancéolées longuement acuminées 10

6 { Tige presque simple. 7
  { Tige très rameuse. 8

7 { Nervure atteignant le sommet. . . . *H. cordifolium* (12).
  { Nervure dépassant à peine le milieu. . *H. stramineum* (16).

8 { Sommet des rameaux cuspidés . . . . *H. cuspidatum* (13).
  { Rameaux mutiques 9

  { Tige rigide ; nervure double très courte . *H. Schreberi* (14).
9 { Tige molle ; nervure simple atteignant le milieu. . . .
  { . . . . *H. purum*.(15).

10 { Feuilles dirigées dans le même sens 11
   { Feuilles dirigées en tous sens 13

11 { Feuilles, au moins les supérieures, recourbées en crochet . . 12
   { Feuilles non recourbées . . . . *H. palustre* (11).

12 { Nervure atteignant presque le sommet . . . *H. fluitans* (5).
   { Nervure dépassant à peine le milieu . . . *H. uncinatum* (6).

13 { Feuilles nervées 14
   { Feuilles bi-striées à la base 15

14 { Nervure atteignant le sommet . . . . *H. polygamum* (4).
   { Nervure dépassant à peine le milieu . *H. chrysophyllum* (2).

15 { Plante robuste en touffe épaisse. . . . . *H. stellatum* (3)
   { Plante faible déprimée . . . . . . *H. Sommerfeltii* (1)

188. — 1. H. SOMMERFELTII Myrin. — Hypne de Sommer-
    felt. — *H. affine* Som. ; *H. polymorphum* Hedw. ;

H. stellatum var. *tenellum* Mull., var. *polymorph.*
Myrin.

Plante gazonnante, déprimée, d'un vert jaunâtre,
monoïque ; tiges rampantes, rameuses, irrégulièrement pinnées ; feuilles ovales, arrondies, bi-striées
à la base, terminées par une pointe aussi longue
que la partie élargie ; capsule cylindrique, arquée,
péristome plus large que la capsule ; spores
0 mm 010. — Sur les souches des peupliers abat-
tus, les troncs de saules, d'aubépine. — A. C. —
Eté.

189. — 2. H. CHRYSOPHYLLUM Brid. — Hypne à feuilles
d'or. — *H. polymorphum* Br. et Schimper.

Plante en touffe fournie, molle, rameuse, d'un beau
vert, dioïque ; rameaux irrégulièrement pinnés ;
feuilles étalées en tous sens, recourbées, demi-nervées, ovales, concaves, subitement terminées par
une pointe presque aussi longue que le limbe. —
Sur la terre argilo-calcaire, talus herbeux des ravins, des chemins creux. — Auxerre ! Venoy ! bois
du parc à Mailly-le-Château ! — R. — Eté.

190. — 3. H. STELLATUM Schreb. — Hypne en étoile.

Plante en touffe profonde, rameuse, vert jaunâtre,
dioïque ; rameaux irrégulièrement pinnés ; feuilles
raides, étalées, recourbées, les supérieures rayonnantes, bi-striées à la base, opercule aigu. — Lieux
herbeux humides, tourbières. — Thureau Saint-
Denis à Bleigny !— A. C. — Fruits R. — Été.

191. — 4. H. POLYGAMUM Schimp. — Hypne polygame. —
Amblystegium Br. et Schimper.

Plante gazonnante, diffuse, rameuse, d'un vert jaunâtre luisant, polygame ; feuilles étalées, ovales,
longuement lancéolées, nervure faible traversant

la feuille, opercule aigu. — Talus des fossés, au
milieu des feuilles mortes. — Chambre d'emprunt
du canal à Laroche ! — R. — Printemps.

192. — 5. H. FLUITANS Dill. — Hypne flottant.

Plante en touffe épaisse, d'un vert jaunâtre, monoïque ; tiges menues, dressées ou flottantes, plus
ou moins rameuses, rameaux souvent aigus ;
feuilles concaves, lancéolées, distantes, celles des
rameaux plus rapprochées, courbées en faux et
dirigées du même côté, nervure atteignant presque
le sommet. — Fossés des terrains argileux, bois
marécageux. — A. C. — Été.

Fructifie très rarement.

Var. *submersum* ; tige allongée, rameuse seulement à .
la base.

193. — 6. H. UNCINATUM Hedw. — Hypne recourbé.

Plante gazonnante, d'un vert terne, monoïque ; tiges
rameuses, irrégulièrement pinnées, rameaux arqués ; feuilles largement subulées, sillonnées, arquées et tournées du même côté, nervure traversant la feuille ; opercule mamillaire, apiculé ; spores
0^{mm} 012. — Sur la terre humide, argileuse ou sablonneuse. — Dans les ravins à Auxerre ! Thureau
Saint-Denis à Bleigny ! — R. — Été.

194. — 7. H. FILICINUM L. — Hypne fougère.

Plante en touffe molle, brune, tomenteuse intérieure-
ment, d'un vert jaune au sommet, dioïque ; tiges
rameuses, régulièrement pinnées, rameaux arqués ;
feuilles caulinaires, triangulaires, terminées par une
longue pointe recourbée, celles des rameaux ovales,
lancéolées, falciformes, dirigées du même côté,
nervure forte, traversant la feuille, opercule con-

vexe, aigu. — Bords des fontaines et des ruisseaux des terrains calcaires. — Auxerre ! — A. C. — Printemps.

Fructifie rarement.

195. — 8. H. RUGOSUM Ehrh. — Hypne rugueux. — *H. rugulosum* Web. et M.

Plante en touffe peu serrée, ferme, d'un jaune ocracé, dioïque ; tiges rameuses, irrégulièrement pinnées, rameaux arqués ; feuilles acuminées, concaves, à bords réfléchis, dirigées du même côté, profondément sillonnées; opercule à pointe oblique. — Lieux herbeux des terrains argilo-calcaires, bords des chemins. — C. — Été.

Toujours rencontrée stérile.

196. — 9. H. CUPRESSIFORME L. — Hypne cyprès.

Plante en touffe molle, très variable, d'un vert jaunâtre, dioïque ; tiges rampantes, rameuses, irrégulièrement pinnées, rameaux dressés, nombreux, souvent tournés du même côté ; feuilles ovales, lancéolées, falciformes, dirigées dans le même sens, sans nervure, quelquefois bi-striées ; capsule dressée, cylindrique, un peu arquée, opercule mamillaire, apiculé. — Sur la terre, les troncs d'arbres, les toits, les rochers, le bois mort. — C. C. C. — Printemps.

Var. *filiforme*, tige longuement **rampante, apprimée**, rameaux à peine divisés. — Sur les rochers, les troncs de peupliers, de saules.

Var. *elatum*, en touffe compacte, robuste, d'un vert brunâtre. — Sur le bois mort.

Var. *tectorum*, en touffe compacte, à rameaux courts. — Toits de chaume.

Var. *brevisetum*, en touffe compacte, d'un vert jaune

soyeux, capsule brièvement pédicellée. — Sur le bois mort.

Var. *longirostrum*, opercule muni d'une longue pointe. — Sur la terre. -- Bois de Jonches.

Var. *ericetorum* en touffe blanchâtre, gonflée, molle ; capsule longuement pédicellée. — Sur la terre, dans les bois sablonneux.

197. — 10 H. MOLLUSCUM Hedw. — Hypne mollasse.

Plante en touffe molle, compacte, d'un vert jaunâtre, dioïque ; tiges étalées ou ascendantes, rameaux régulièrement pinnés, triangulaires ; feuilles élargies à la base, subitement et longuement acuminées, falciformes, dirigées du même côté, dentées, sans nervure ; capsule horizontale, opercule conique ; spores 0^{mm}012. — Dans les bois, sur la terre calcaire humide, les roches, les pierres, les vieux troncs. -- Mailly-le-Château ! Merry ! Arcy ! Ancy-le-Franc ! — A. C. — Fruits R. — Printemps.

198. — 11. H. PALUSTRE L. — Hypne des Marais. — *H. luridum* Hedw. ; *Limnobium palustre* Br. et Sch.

Plante largement gazonnante, déprimée, compacte, d'un vert olivâtre, monoïque ; rameaux arrondis, tous dirigés dans le même sens par l'action de l'eau courante ; feuilles ovales, aiguës, entières, concaves, nervure souvent nulle ou double, courte ; capsules nombreuses, opercule conique à base plus large que la capsule ; spores 0^{mm}012. — Sur les pierres souvent inondées. —Dans le lit de l'Yonne, îles du Bâtardeau, Auxerre ! — R. — Été.

199. — 12. H. CORDIFOLIUM Hedw. — Hypne à feuilles cordées.

Plante en touffe molle, verte, monoïque ; tige allon-

gée, peu rameuse, rameaux souvent simples ;
feuilles ovales, cordées, décurrentes, entières,
mutiques, nervure atteignant presque le sommet ;
capsule cylindracée, horizontale, opercule mamillaire. — Sur la terre marécageuse. — Autour de
l'étang de Marrault ! — R. — Été.

Trouvée stérile.

200. — 13. H. CUSPIDATUM L. — Hypne cuspidé.

Plante en touffe compacte, d'un vert jaunâtre, nuan-
cée de brun, dioïque ; tiges dressées, rameuses,
pourpres, rameaux irrégulièrement pinnés, terminés par une pointe aiguë et rigide ; feuilles oblongues, concaves, étalées, entières, nervure nulle ;
capsule longuement pédicellée, horizontale, opercule convexe, conique ; spores $0^{mm}012$. — Sur la
terre argileuse humide, bords des chemins, bois,
marécages. — C. C. — Eté.

201. — 14. H. SCHREBERI Willd. — Hypne de Schreber. —
H. parietinum L.; *H. compressum* Schreb.

Plante en touffe épaisse, étendue, rigide, d'un vert
grisâtre brillant, dioïque ; tiges dressées, rameuses, purpurines, dénudées, semi-ligneuses à la
base, rameaux irrégulièrement pinnés ; feuilles
ovales oblongues, brusquement cuspidées, concaves, non apprimées, à bords supérieurs conni-
vents en capuchon, munies à la base de deux
stries, cellules des angles quadrangulaires et rougeâtres ; capsule horizontale, opercule conique,
péristome jaune. — Sur la terre, dans les bois
sablonneux, secs. — Chemilly ! Auxerre ! forêt
d'Othe. — C. — Fruits R. — Automne.

202. — 15. H. PURUM L. — Hypne pur.

Plante en touffe molle, d'un vert pâle, dioïque ; tiges

couchées ou dressées, rameuses, rameaux irrégulièrement pinnés ; feuilles ovales, concaves, imbriquées, subitement cuspidées, nervure atteignant le
milieu de la feuille ; capsule horizontale, opercule
conique, péristome orangé ; spores 0 ^{mm} 012. —
Lieux herbeux humides, talus des fossés des bois.
— Saint-Georges ! Perrigny ! Appoigny ! — C. C.
— Fruits R. — Printemps.

203. — 16. H. STRAMINEUM Dicks. — Hypne paillet.

Plante molle, grêle, d'un jaune verdâtre, dioïque ;
tiges dressées, souvent isolées, presque simples,
filiformes, arrondies ; feuilles oblongues, obtuses,
soyeuses, demi nervées. — Dans les tourbières,
au milieu des sphaignes. — A. C. — Printemps.
Stérile.

Genre II. — **HYLOCOMIUM** Schimper, Hylocome.

(Ulocomos, habitant des bois: allusion à l'habitat des plantes de ce genre).

Plantes rameuses, dressées ou rampantes, dioïques ;
tiges bi-pinnées ou vaguement rameuses ; feuilles
étalées en tous sens, raides, sillonnées, nervure
nulle ou double, courte, réseau linéaire ; capsule
ovale, globuleuse, horizontale, opercule mamillaire ou légèrement rostré, péristome parfait.

1	Tige régulièrement bi-pinnée . . . . . *H. splendens* (1).	
	Tige irrégulièrement pinnée ou vaguement rameuse	2
2	Tige rampante. . . . . *H. Loreum* (4).	
	Tige dressée.	3
3	Feuille ovale, arrondie, brusquement cuspidée ; opercule conique. . . . . *H. brevirostrum* (2).	
	Feuille lancéolée ; opercule mamillaire. . *H. triquetrum* (3).	

204. — 1. H. SPLENDENS Schimp. — Hylocome splen-
dide.

Plante en touffe épaisse, souvent très étendue, d'un
vert pâle ; tiges rigides, dressées, rameuses, ra-

meaux régulièrement bi-pinnés, plans ; rameau de
l'année, raide, nu au moins à la base, inséré à
angle droit sur la tige ; feuilles de la tige imbriquées, ovales, dentées, terminées par une longue
pointe flexueuse, nervure bifurquée, atteignant le
tiers du limbe, feuilles des jeunes rameaux brusquement terminées par une pointe courte, nervure
peu visible ou nulle ; fruits agrégés; spores
0 ^{mm} 012. — Sur la terre sablonneuse ou calcaire
bois, coteaux herbeux. — Forêt d'Othe ! Bois de
Saint-Bris! — C. C. — Fruits R. — Printemps.

205. — 2. H. BREVIROSTRUM Schimp. — Hylocome à bec
court. — *Hypnum* Ehrh.

Plante en touffe épaisse, rigide, d'un vert terne ; tige
dressée, rameuse, rameaux irrégulièrement pinnés ;
feuilles de la tige étalées, élargies, crispées, terminées par une longue pointe recourbée, celles des
rameaux ovales, lancéolées, non crispées, nervure
remplacée par deux stries courtes ; capsule horizontale ; spores 0^{mm} 018. — Dans les bois, pied des
arbres, rochers. — A. C. — Printemps.

206. — 3. H. TRIQUETRUM Schimp. — Hylocome triangu-
laire. — *Hypnum* L.

Plante en touffe épaisse, très rigide, d'un vert jaunâtre ; tige dressée, irrégulièrement pinnée, rameaux inégaux, arqués ; feuilles de la tige étalées,
recourbées, celles des rameaux dressées, toutes
ovales lancéolées, striées, dentées, nervure double,
mince, atteignant le milieu du limbe ; spores
0 ^{mm} 015. — Sur la terre, dans les bois. — Bois du
parc, à Mailly-le-Château ! — C. C. — Fruits R. —
Printemps.

207. — 4. H. LOREUM Schimp. — Hylocome courroie. — *Hypnum* L.

Plante rampante, en gazon irrégulier déprimé, molle, d'un vert pâle ; tige irrégulièrement pinnée, rameaux recourbés au sommet ; feuilles ovales, lancéolées, falciformes, sans nervure. — Dans les bois. — Avallon (Déy)! — R. — Printemps.

Fam. XXXVIII. — **SPHAGNÉES**

Genre **SPHAGNUM** Dillen., Sphaigne.
(Sphagnus, mousse de chêne).

Plantes spongieuses, dressées, rameuses, de couleur blanchâtre, verte, ocracée ou pourpre, monoïque ou dioïque ; rameaux de deux sortes, les uns verticellés le long de la tige, allongés, flexueux, pendants, les autres courts, dressés, agglomérés en tête au sommet de la tige ; feuilles dressées ou étalées, obtuses ou aiguës, nervure nulle, cellules très-grandes, transparentes, poreuses, entourées de fibres disposées en spirale ; capsules arrondies, pedicellées, insérées à la base des rameaux agglomérés, coiffe imparfaite, opercule hémisphérique, fugace, péristome nul.

1 { Feuilles arrondies au sommet. 2
    { Feuilles aiguës 3

2 { Rameaux dressés . . . . *S. rigidum* (5).
    { Rameaux étalés. . . . . *S. cymbifolium* (7).

3 { Feuilles des rameaux recourbées en dehors. *S. squarrosum* (4).
    { Non 4

4 { Feuilles caulinaires laciniées au sommet. *S. fimbriatum* (2).
    { Feuilles simplement dentées au sommet 5

5 { Feuilles des rameaux la plupart unilatérales. *S. subsecundum* (6)
    { Non 6

6 { Feuilles des rameaux étroitement imbriquées, conniventes. . .
    { . . . . *S. acutifolium* (1).
    { Feuilles plus ou moins étalées . . . . . *S. cuspidatum* (3).

208. — 1. S. ACUTIFOLIUM Ehrh. — Sphaigne à feuilles

aiguës. — *S. capillifolium* Hedw.; *S. capillaceum* Wahl.

Plante en touffe épaisse, molle, de couleur pourprée, monoïque; tige pourpre, rameaux fasciculés, atténués; feuilles des rameaux ovales, lancéolées, aiguës; capsule mûre, ovale, brune; spores 0^{mm}022. — Tourbières. — C. C. - Eté.

209. — 2. S. FIMBRIATUM Wils. — Sphaigne à feuilles frangées. — *S. acutifolium* (ex parte).

Ne diffère de la précédente que par sa couleur toujours verte, ses feuilles caulinaires plus larges et frangées au sommet. — Tourbières d'Appoigny! — Eté.

210. — 3. S. CUSPIDATUM Ehrh. — Sphaigne à feuilles cuspidées.

Plante en touffe compacte, glauque ou rouge brique, monoïque; tige pâle, rameaux atténués; feuilles cuspidées ou linéaires lancéolées, à marges enroulées. — Tourbières. — C. C. — Eté.

Toujours trouvée stérile.

211. — 4. S. SQUARROSUM Persoon. — Sphaigne hérissée.

Plante en touffe compacte peu profonde, d'un vert glauque, monoïque; tiges dressées, fermes, rameaux très rapprochés; feuilles des rameaux oblongues, lancéolées, coudées à angle droit, cellules de la base rectangulaires, celles du sommet en losange. — Prés tourbeux des terrains granitiques.— Quarré-les-Tombes! Saint-Léger! Avallon! — A. R. — Eté.

Trouvée stérile.

212. — 5. S. RIGIDUM Schimp. —Sphaigne rigide. — *S. com pactum* Brid.

Plante en touffe serrée, compacte, rigide, d'un vert glauque, souvent roussâtre, monoïque ; tige dressée, haute de quelques centimètres, rameaux très rapprochés, dressés ; feuilles ovales, oblongues, obtuses, denticulées au sommet. — Bruyères humides. — Appoigny ! — R. — Eté.

Trouvée stérile

213. — 6. S. SUBSECUNDUM Nœs et Hornsch. — Sphaigne à feuilles subunilatérales.

Plante en touffe molle, épaisse, d'un vert jaune rougeâtre, dioïque ; tige dressée, brune ; feuilles des rameaux oblongues, aiguës, concaves, à bords repliés au sommet, la plupart unilatérales. — Tourbières. — Appoigny ! — A. R. — Été.

Trouvée stérile.

214. — 7. S. CYMBIFOLIUM Dill. — Sphaigne à feuilles naviculaires. — *S. obtusifolium* Hook et Tayl.; *S. latifolium* Hedw.

Plante en touffe molle, profonde, d'un vert pâle, jaunâtre ou pourpre, dioïque ; tige dressée, souvent bi-partite, atteignant une longueur de 0 m 25 à 0 m 30 ; feuilles profondément concaves, ovales, arrondies, obtuses, à bords repliés au sommet. — Tourbières. — Charbuy (Milon) ! — C. C. — Fruits R. — Été.

TABLE

DES FAMILLES ET DES GENRES [1]

(1) Les noms des Familles sont en lettres majuscules ordinaires, les noms de Genres en majuscules grasses et les synonymies en caractères italiques ; les chiffres romains entre parenthèses indiquent le numéro de la planche auquel ils se rapportent.

H

I

ERRATA

Page 10, accolade 29, au lieu de Aulacomiées, lisez *Aulacomniées*.
Page 36 n° 53, au lieu de chloronostos, lisez *chloronotos*.
Planche I n° 4, au lieu de Drothalle, lisez *Prothalle*.
Pl. XLIII, au lieu de Aulacomium, lisez *Aulacomnium*.
Pl. XLVII n° 7, au lieu de portion opagra, lisez *partie opaque*.
Pl. LXIV n° 5, au lieu de feuille coucave, lisez *feuille concave*.
Pl. LXIX, au lieu de Enrhynchium, lisez *Eurhynchium*.

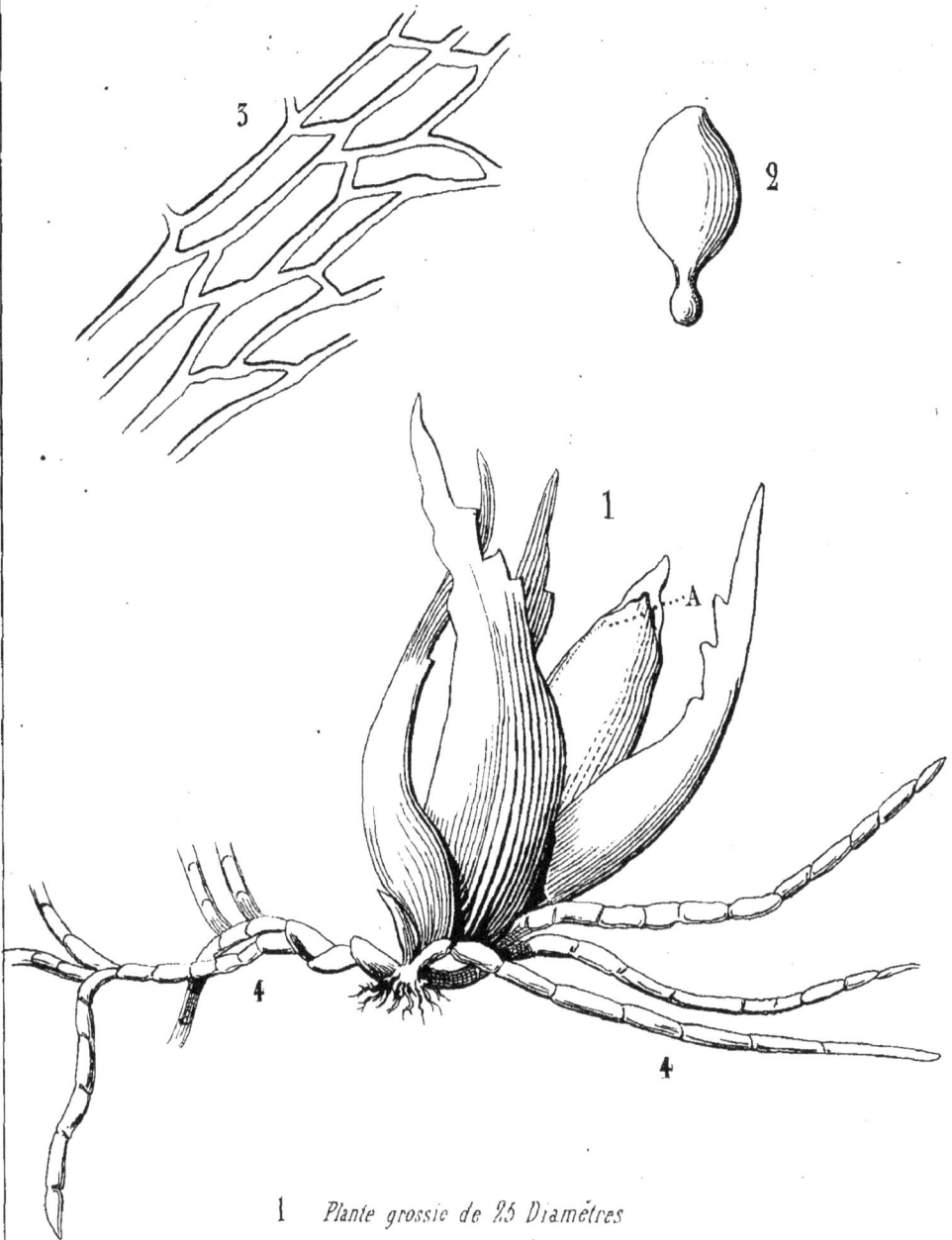

1   Plante grossie de 25 Diamètres
    A Capsule avec coiffe
2   Capsule grossie de 25 Diam.
3   Réseau des feuilles gros. de 200 Diam.
4   Drothalle filamenteuse gros. 25

Ephemerum serratum

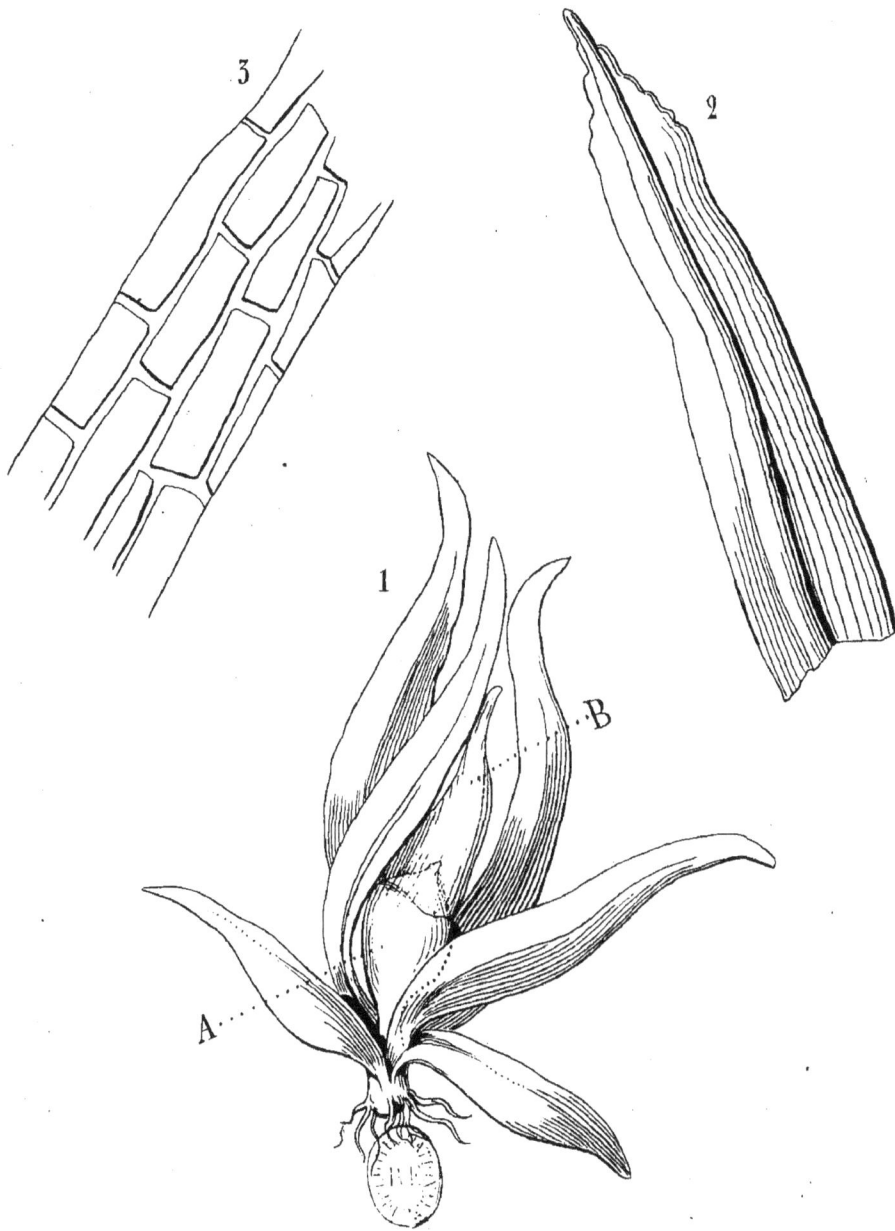

1   Plante grossie de 25 Diamètres
    A Capsule, B Coiffe
2   Feuille grossie de 30
5   Réseau des feuilles gros. de 200 Diam.

Ephemerella recurvifolia

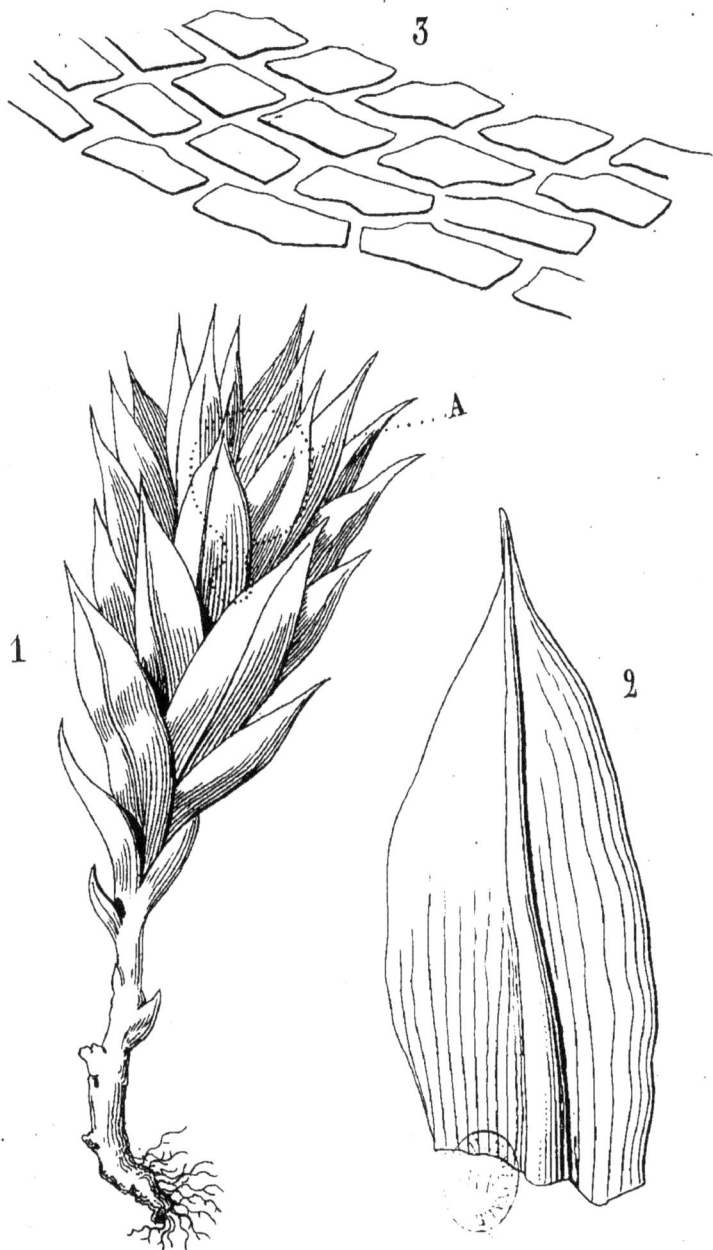

1 *Plante grossie de 16 Diamètres*
   A Capsule
2 *Feuille ——— 25 ———*
5 *Reseau de la feuille grossie de 200 Diam.*

Microbryum Floerkeanum

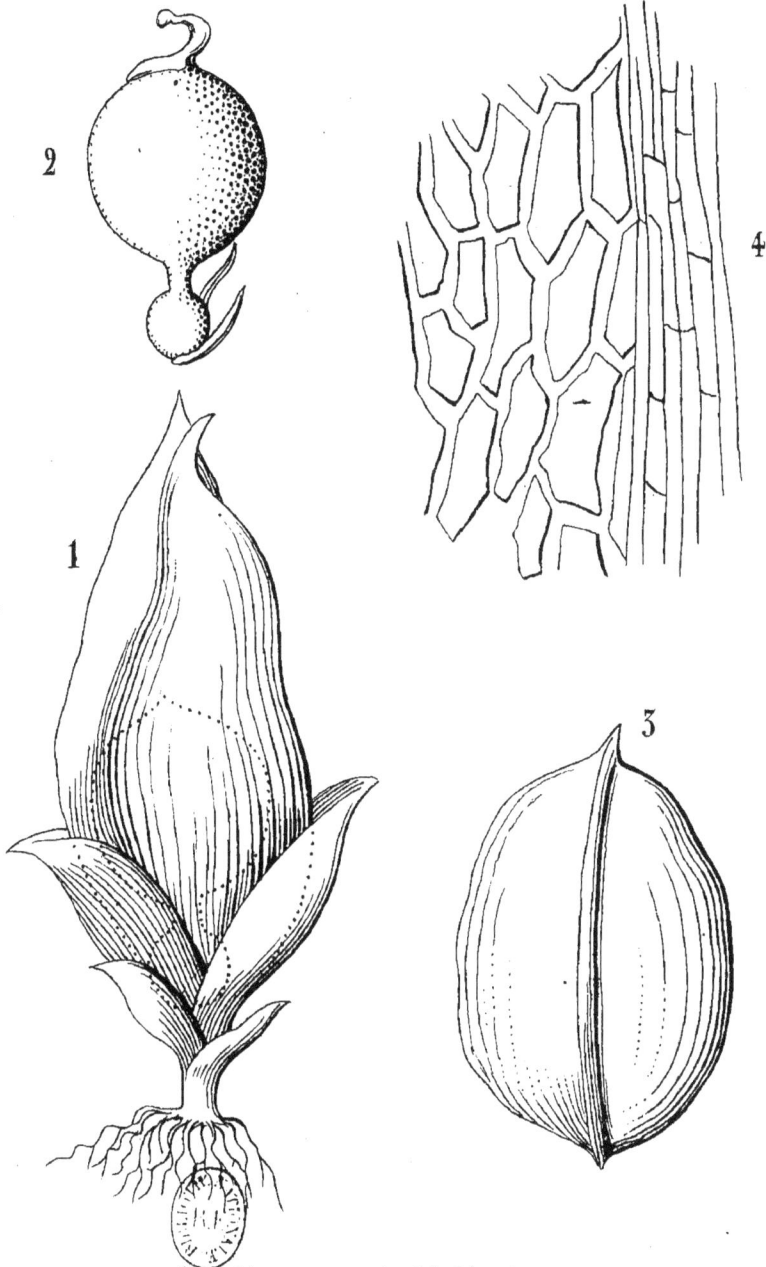

1   Plante grossie de 65 Diamètres
2   Capsule et coiffe gros. de 65 Diamètres
3   Feuille gros. _____ 65 _____
4   Réseau de la feuille gros. 200 _____

Sphærangium muticum

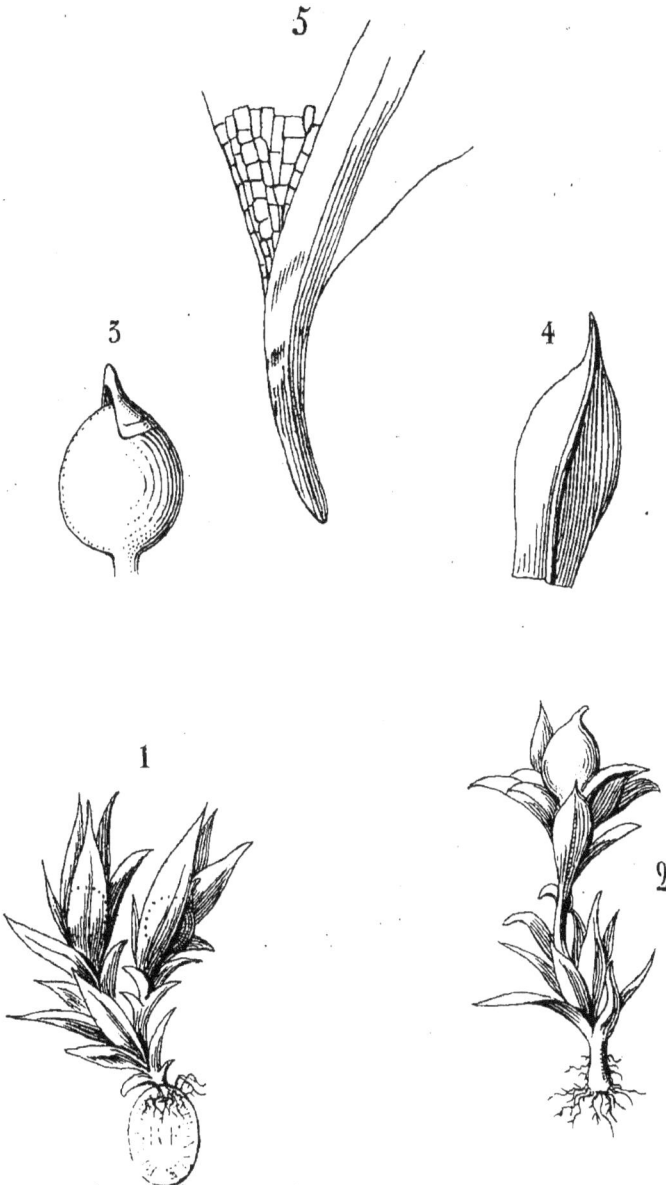

1 *Plante grossie de 8 Diamètres*
2 *Variété Schreberianum grossie de 8 Diamètres*
3 *Capsule et coiffe gros. de_____ 16 _____*
4 *Feuille grossie de _____ 16 _____*
5 *Sommité de feuille et réseau gros.de 200_____*

Phascum   cuspidatum

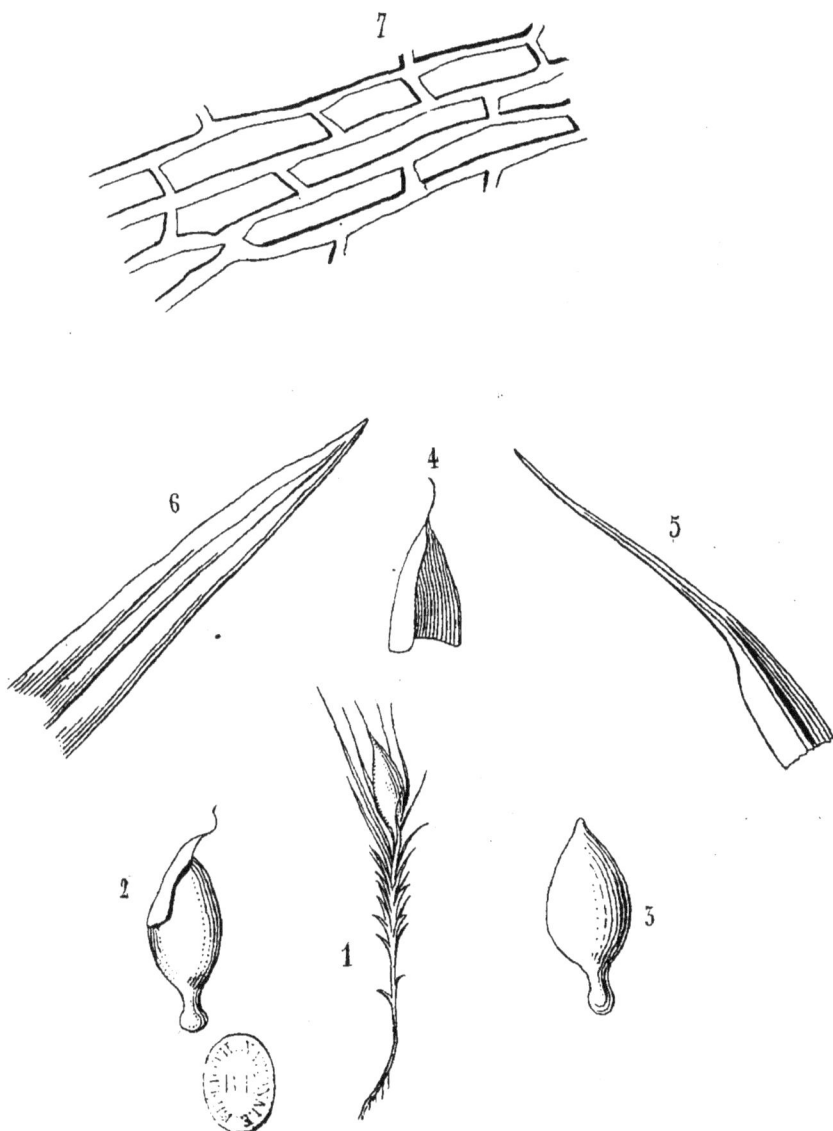

1   Plante grossie de 8 Diamètres
2   Capsule avec coiffe gros. de 16 Diamètres
3   _____ sans coiffe _____ 16 _____
4   Coiffe grossie _____ 16 _____
5   Feuille _____ 16 _____
6   Sommité de feuille gros.   60 _____
7   Réseau des feuilles _____ 200 _____

Pleuridium   subulatum

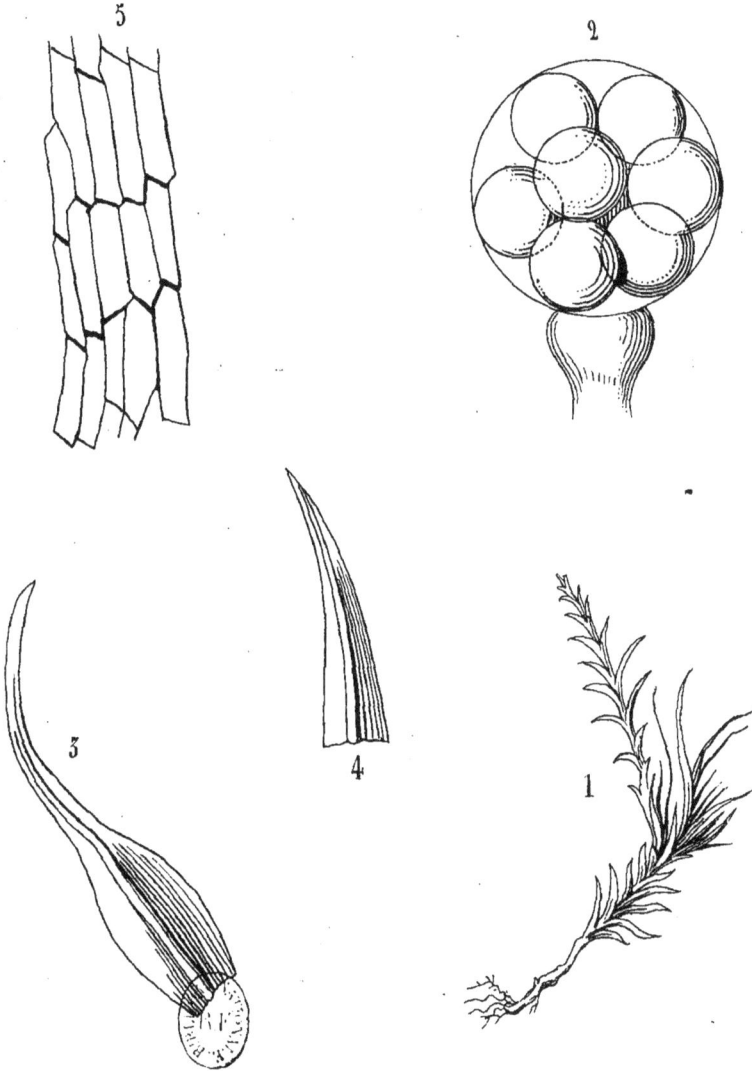

1   Plante grossie de 8 Diamètres
2   Capsule remplie de spores gros. de 65 Diamètres
3   Feuilles périchétiales grossies de   25 _____
4   _____ des rameaux _____ 25 _____
5   Cellules des feuilles _____ 200 _____

Archidium   alternifolium

Bull. Soc. Sc. hist. et nat. de l'Yonne, 1875, t. XXIX.

Pl. VIII

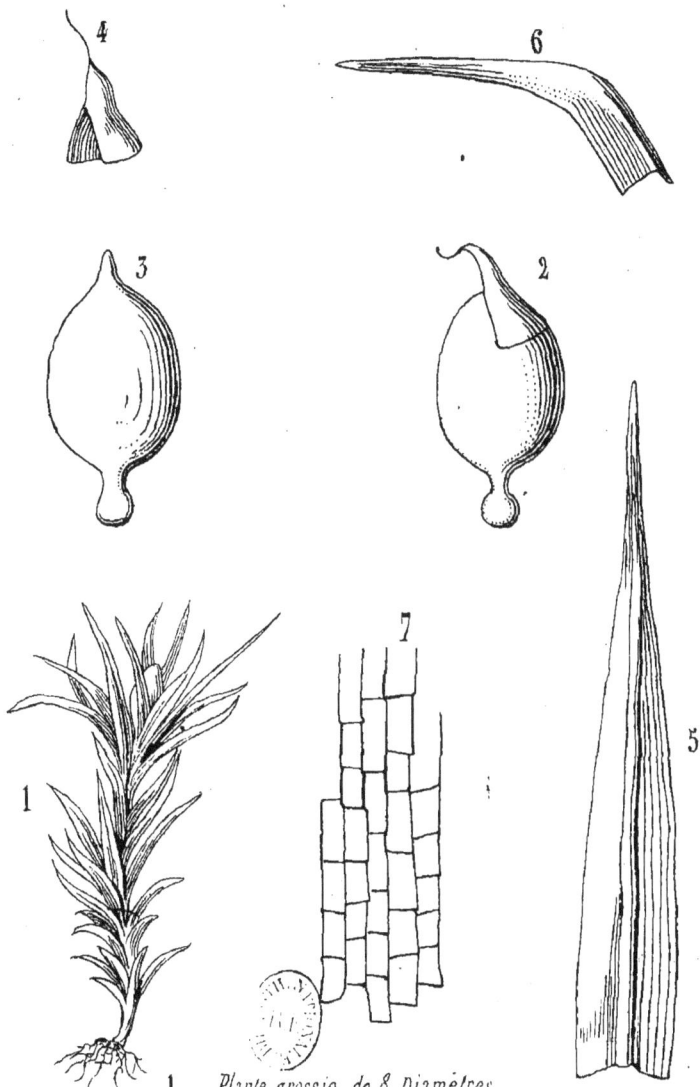

1	Plante grossie de 8 Diamètres	
2	Capsule et coiffe gros. de 25 Diam.	
3	———— nue ————	25 ————
4	Coiffe ————————	25 ————
5	Feuille vue de face ————	25 ————
6	———————— de côté ————	25 ————
7	Réseau des feuilles gros.	200 ————

Systegium   crispum

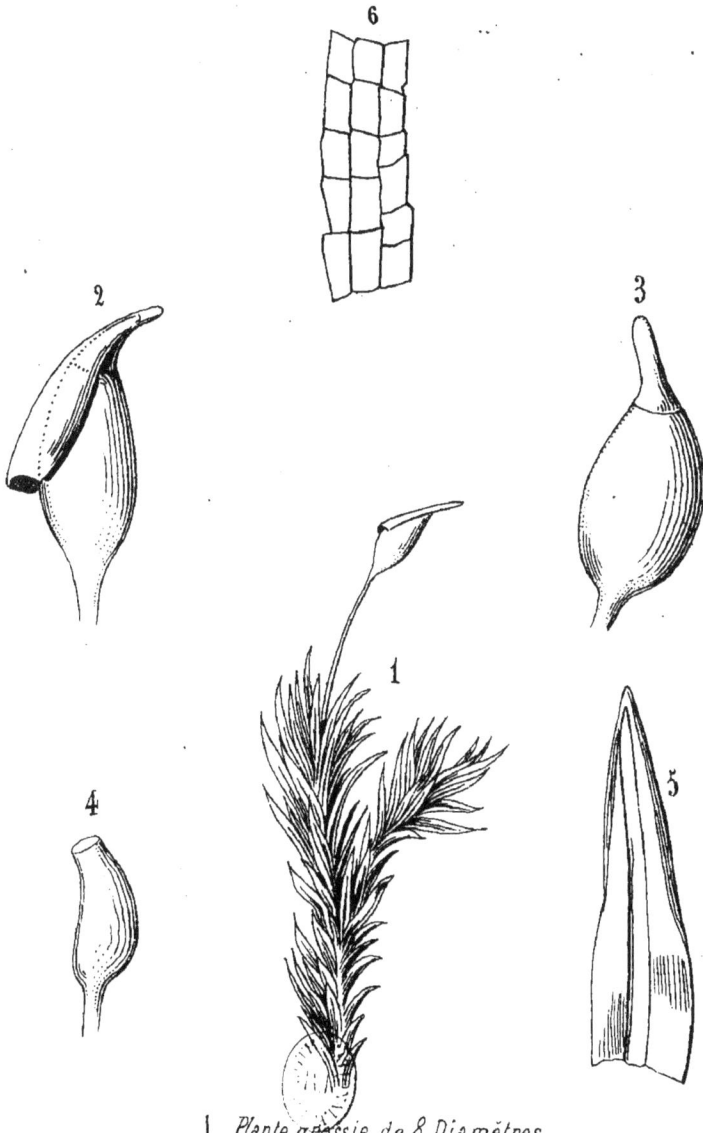

1. Plante grossie de 8 Diamétres
2. Capsule et coiffe gros. 25 Diam.
3. _____ et opercule ___25 _____
4. _____ mûre et vide _25_____
5. Feuille gros. de _____25_____
6. Réseau des feuilles gros. 200_____

Gymnostomum tortile

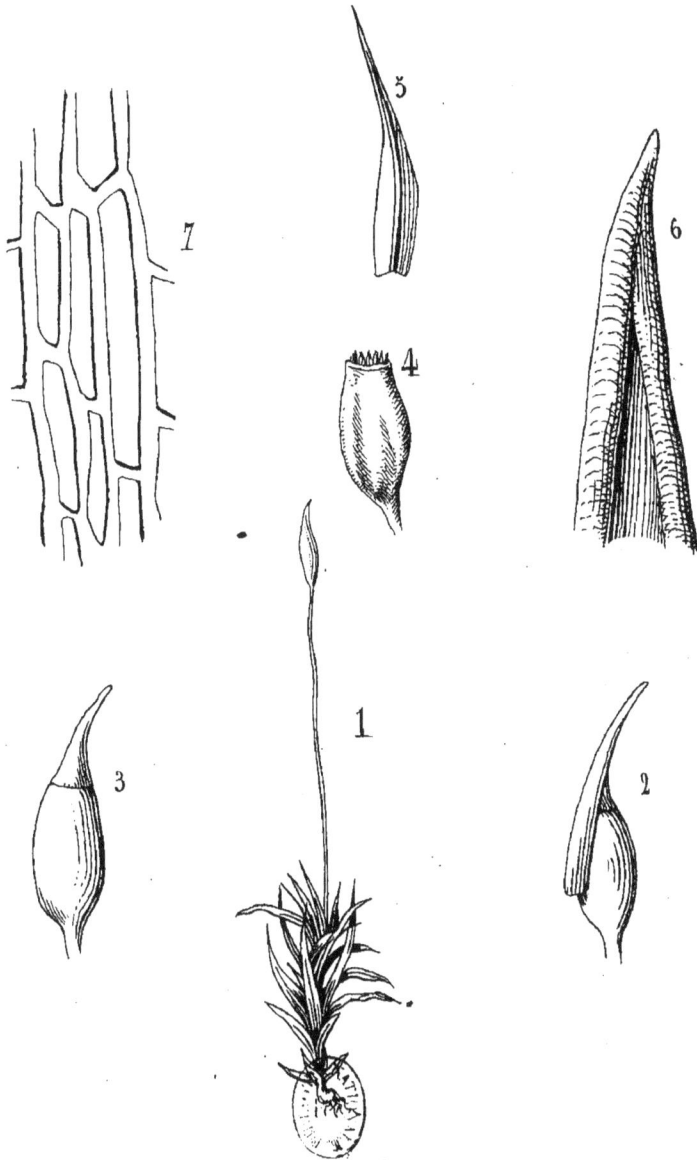

1   *Plante grossie de 8 Diamētres*
2   *Capsule et coiffe grossies de 16 Diamētres*
3   *_____ et opercule gros. __ 16 _____*
4   *_____ mûre gros. _____ 16 _____*
5   *Feuille grossie de _____ 16 _____*
6   *Sommité de feuille montrant les bords enroulés gros. 200 Diam.*
7   *Réseau des feuilles_____ 200 ___*

Weisia   viridula

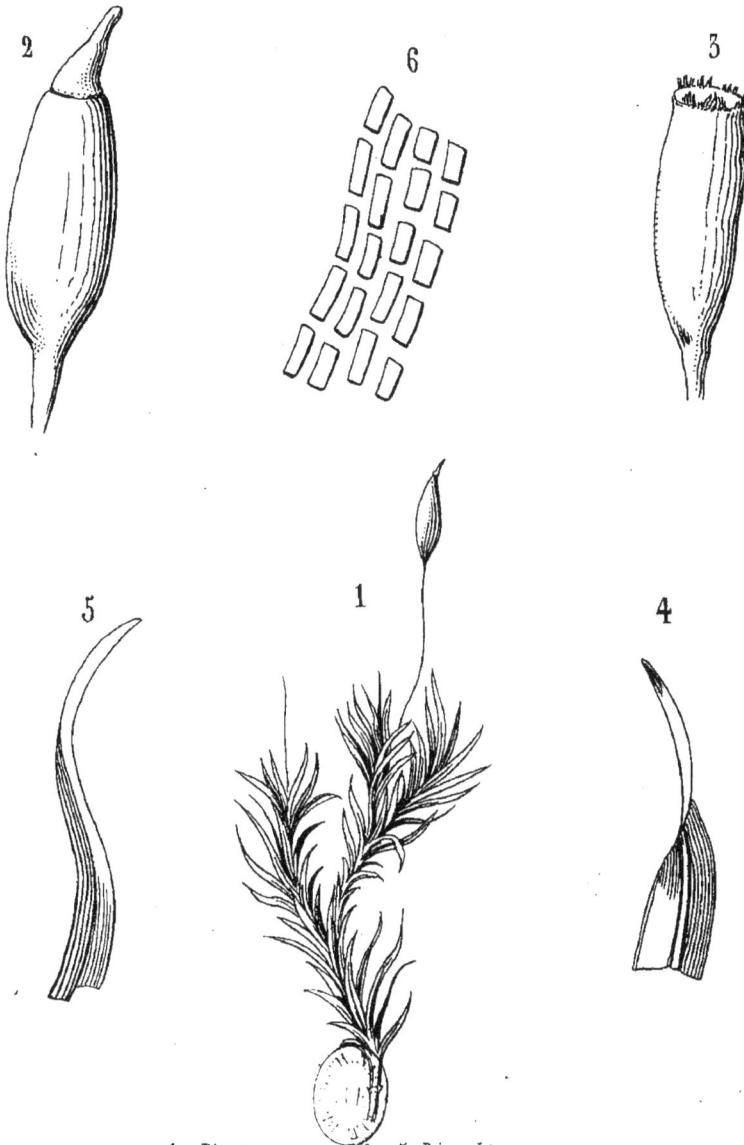

1　Plante grossie de 5 Diamètres
2　Capsule et opercule gros. de 16 Diamètres
3　＿＿＿＿＿ mûre ＿＿＿＿＿　16 ＿＿＿＿＿
4　Feuille vue de face ＿＿＿　16 ＿＿＿＿＿
5　＿＿＿＿ vue de côté ＿＿＿　16 ＿＿＿＿＿
6　Réseau des feuilles ＿＿＿　200 ＿＿＿＿＿

Cynodontium　Bruntoni

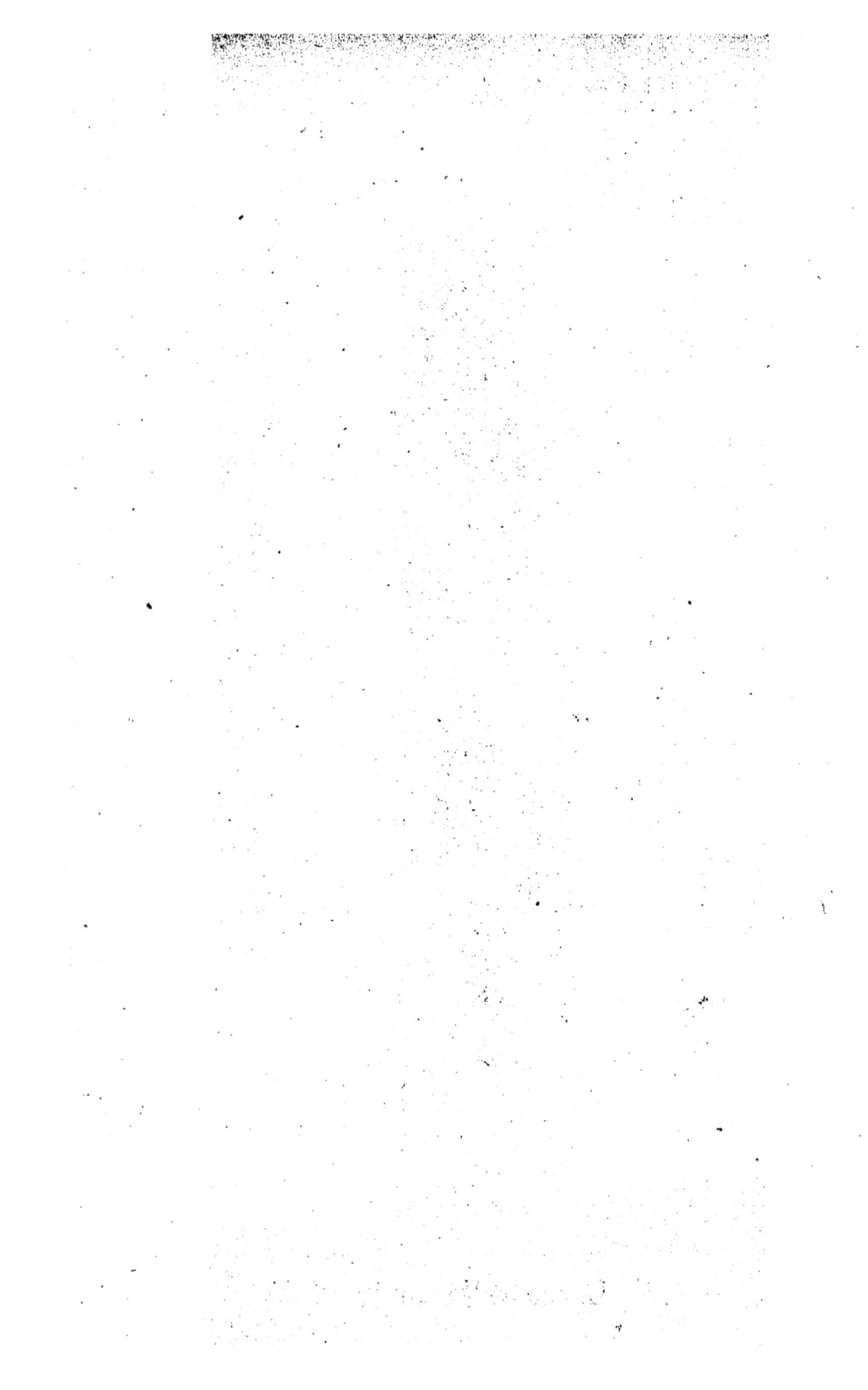

Bull.Soc.Sc.hist.et nat.de l'Yonne,1875,t.XXIX.   Pl. XII

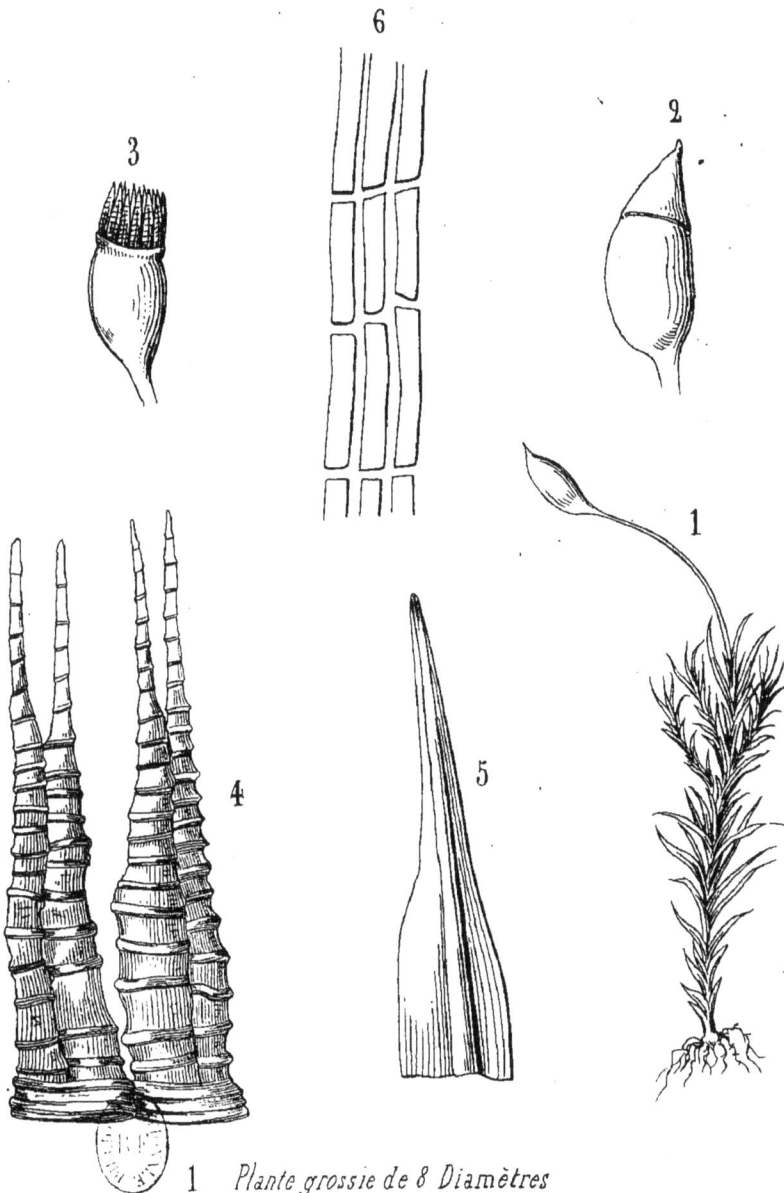

1 Plante grossie de 8 Diamètres
2 Capsule et opercule gros. de 25 Diamètres
3   mûre _____ 25 _____
4 2 Dents du Péristôme gros. 200 _____
5 Feuille gros. _____ 25 _____
6 Réseau des feuilles gros. _ 200 _____

Dicranella varia

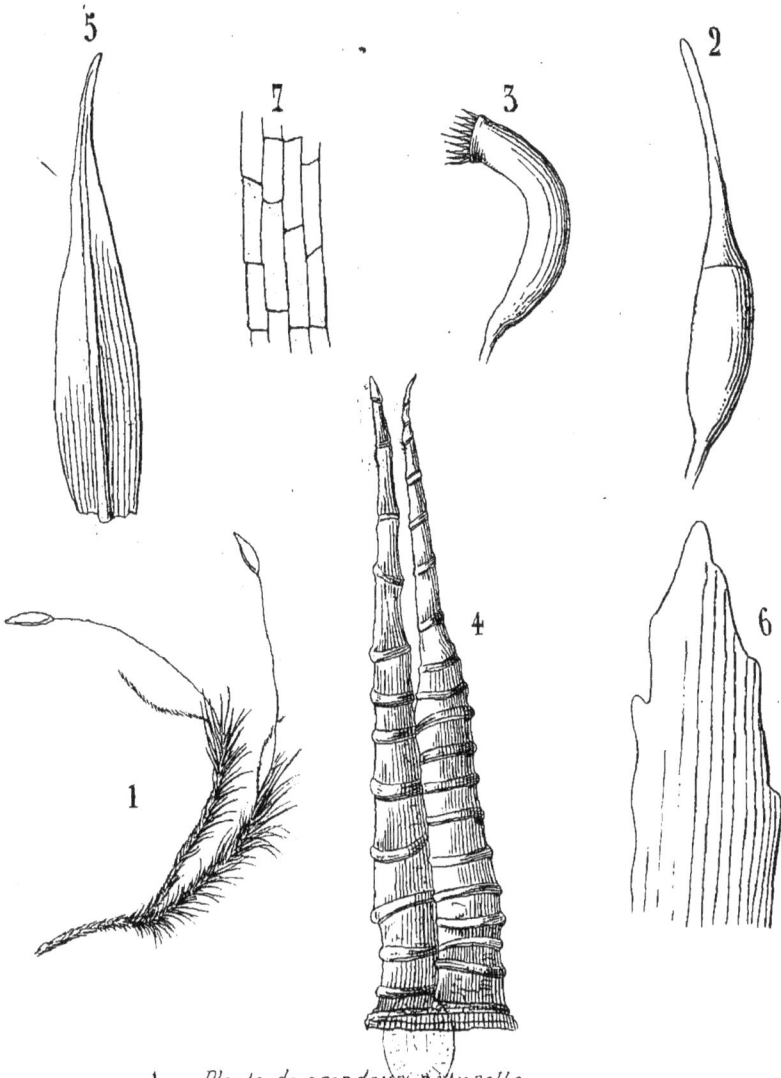

1	Plante de grandeur naturelle
2	Capsule et opercule gros. de 8 Diam.
3	_____ mûre _____ 8 _____
4	Une dent bifide du péristôme gros. 200 _____
5	Feuille gros. de _____ 8 _____
6	Sommité de feuille _____ 65 _____
7	Réseau des feuilles _____ 200 _____

Dicranum scoparium

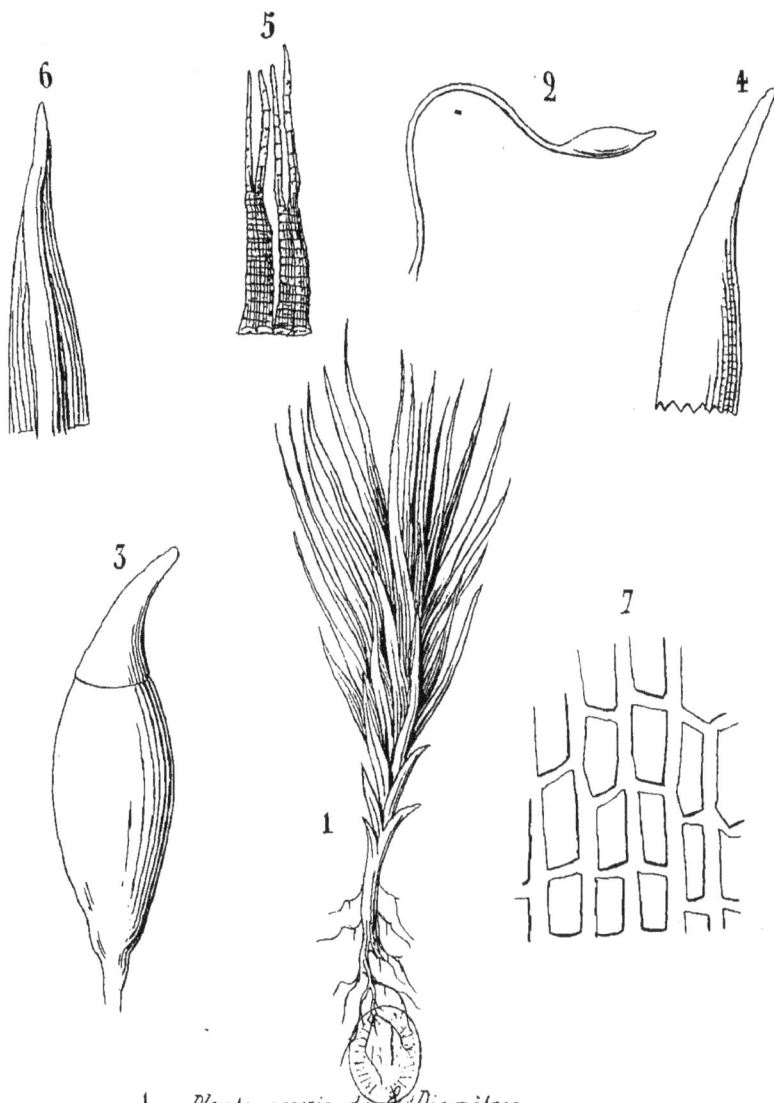

6

5

2

4

3

1

7

1   *Plante grossie de 0 Diamètres*
2   *Capsule et pedicelle tordu gros. de 8 Diam.*
3   *———— et opercule grossis*
4   *Coiffe grossie*
5   *2 dents du péristôme grossi*
6   *Feuille grossie de 16 Diam.*
7   *Réseau des feuilles gros. 300 ———*

Campylopus flexuosus

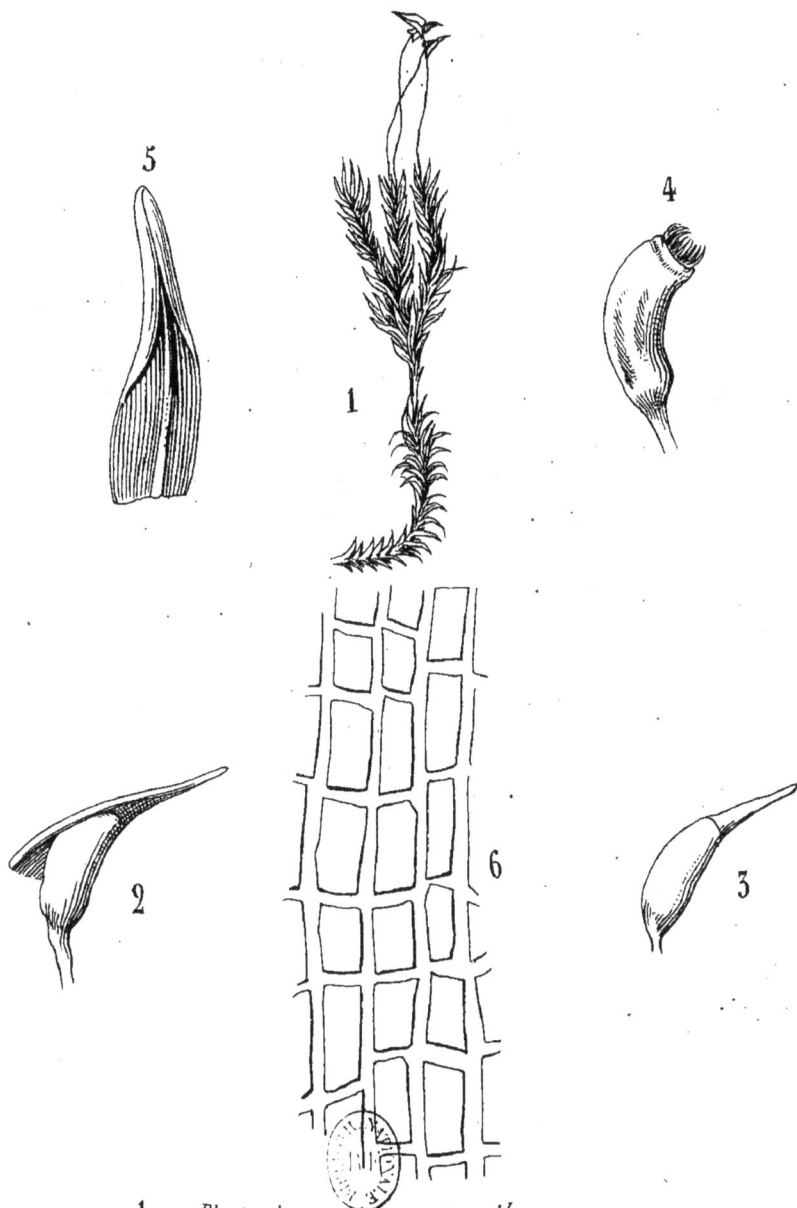

1   Plante de grandeur naturelle
2   Capsule avec coiffe gros. de 8 Diam.
3   ———— et opercule ———— 8 ——
4   ———— mûre ———— 8 ——
5   Feuille ———— 8 ——
6   Réseau des feuilles ———— 200 ——

Leucobryum glaucum

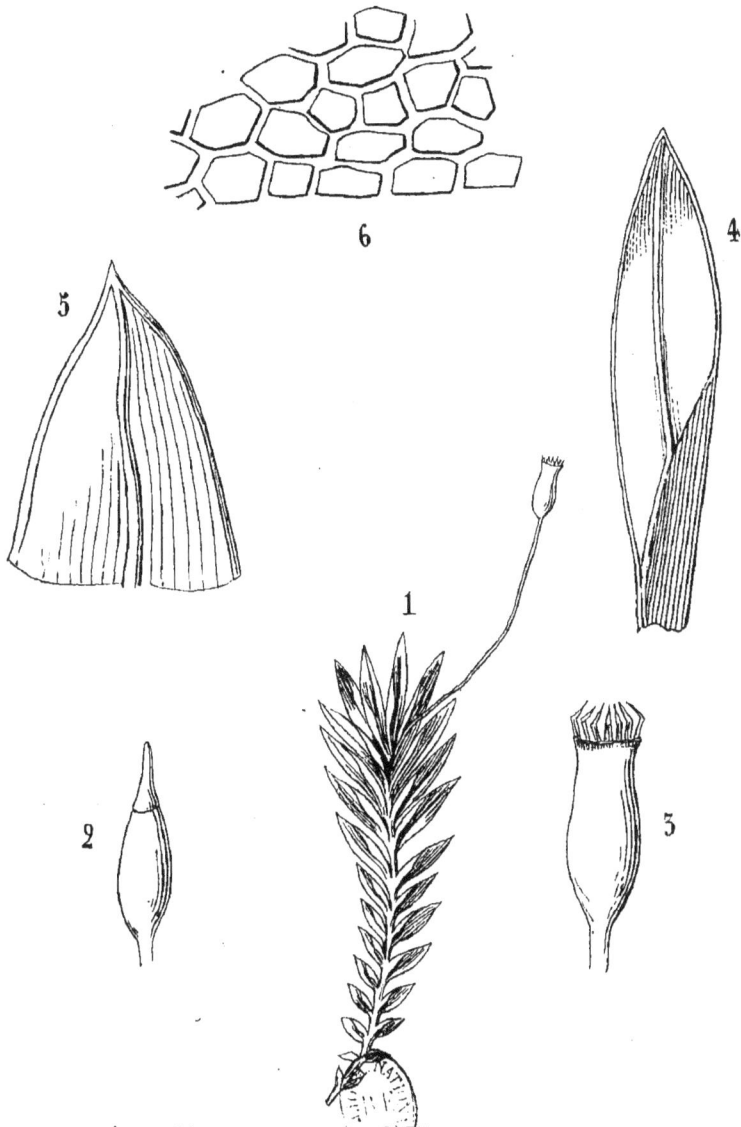

1 Plante grossie de 8 Diamètres
2 Capsule et opercule gros. de 16 Diam.
3 _____ et péristôme _____ 16 _____
4 Feuille gros._____ 16 _____
5 Sommité de feuille gros. 65 _____
6 Réseau des feuilles _____ 200 _____

Fissidens bryodes

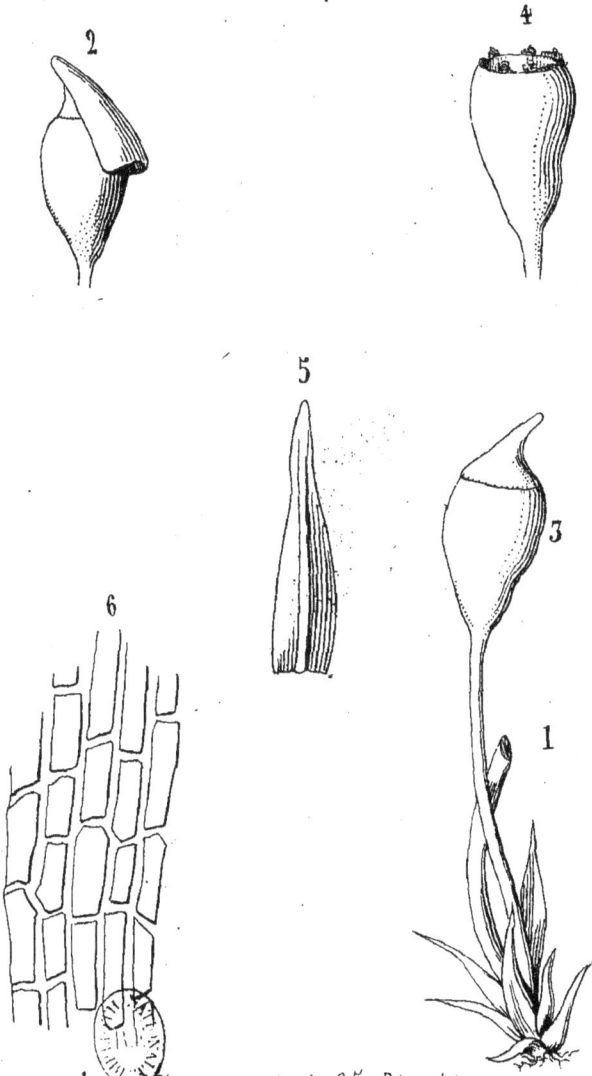

1	*Plante grossie de 25 Diamètres*
2	*Capsule et coiffe gros. de 25 Diam.*
3	*_____ et opercule ____ 25 ____*
4	*_____ mûre _____ 25 ____*
5	*Feuille grossie _____ 25 ____*
6	*Réseau des feuilles ____ 200 ____*

Seligeria calcarea

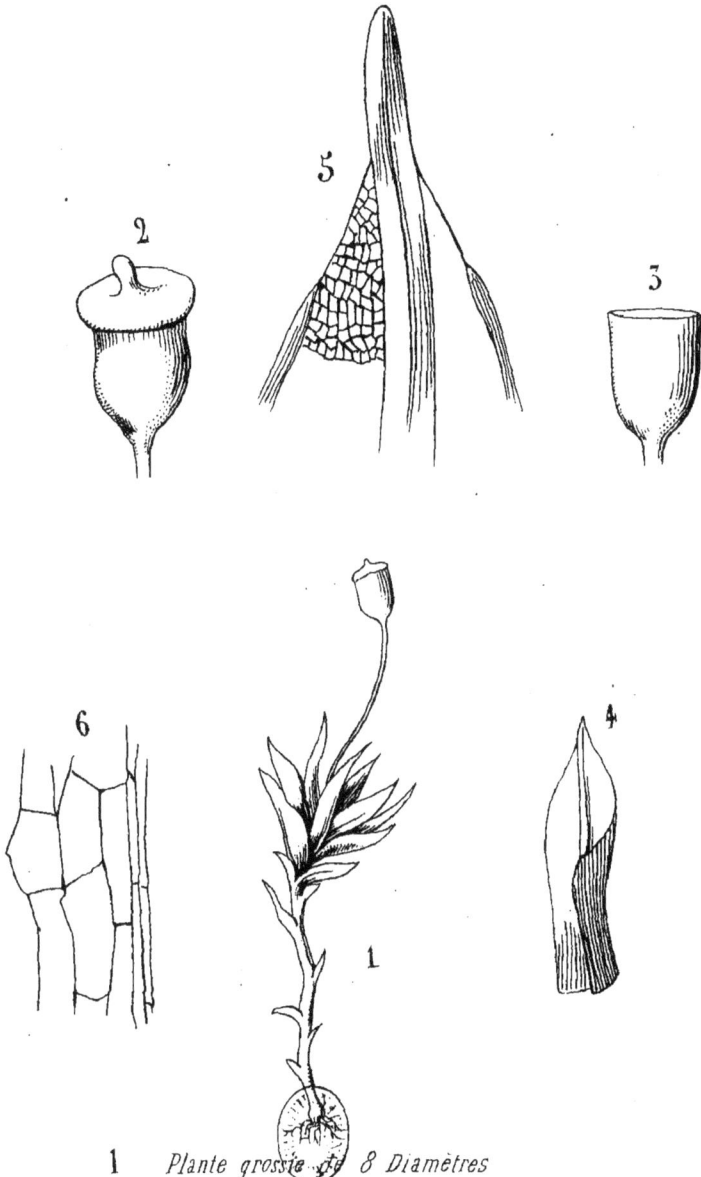

1 Plante grossie de 8 Diamètres
2 Capsule avec opercule grossis de 25 Diam.
3 _____ mûre gros. de _____ 25 _____
4 Feuille gros. _____ 25 ____
5 Sommité de feuille gros. __ 120 _.
6 Réseau des feuilles à la base gros. 200 _____

Pottia minutula

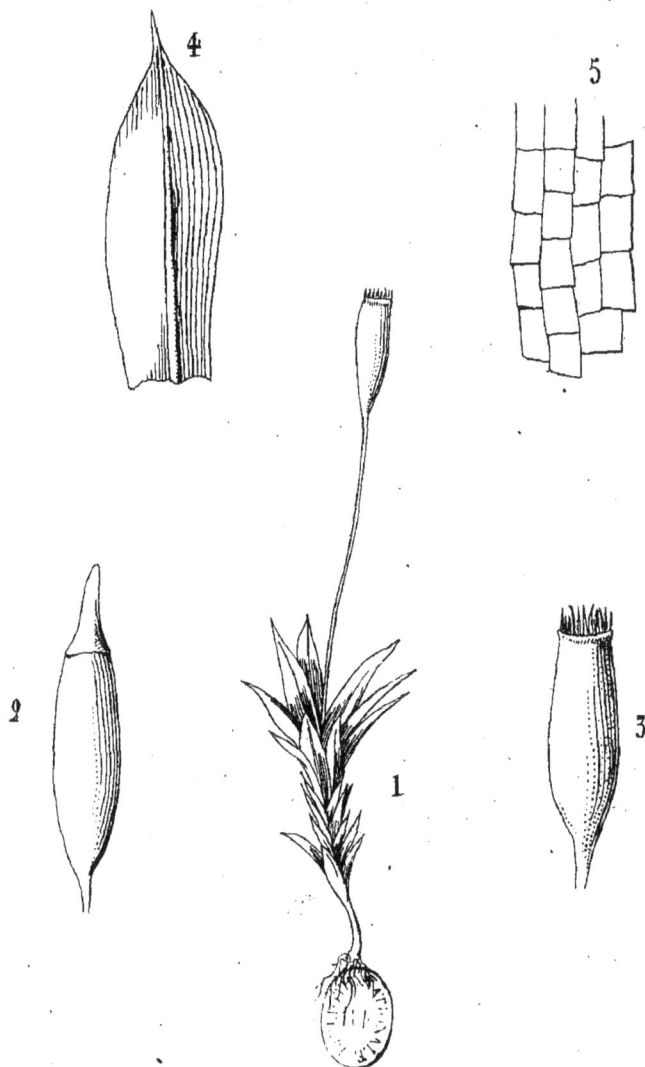

1	*Plante grossie de 8 Diamètres*
2	*Capsule avec opercule gros. de 16 Diam.*
3	*——— mûre ——————————— 16 ———*
4	*Feuille grossie de ——————— 16 ———*
5	*Réseau des feuilles gros. ——— 200 ———*

Anacalypta lanceolata

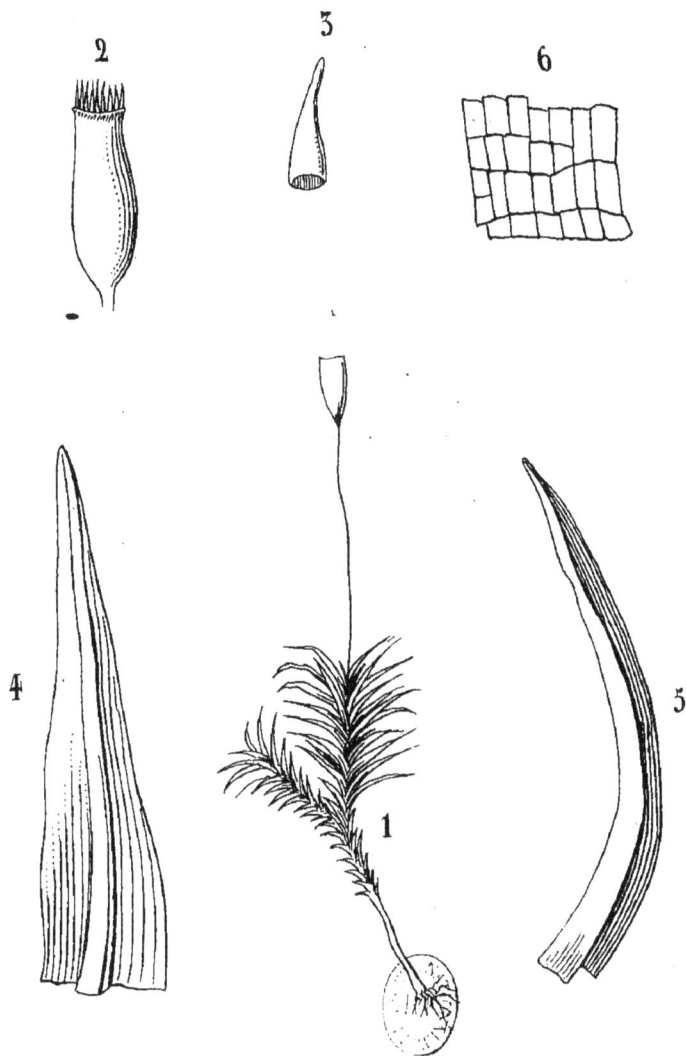

1	*Plante grossie de 8 Diamètres*
2	*Capsule mûre gros. 16*
3	*Opercule gros. 16*
4	*Feuille vue de face gros. de 25 Diam.*
5	*de côté 25*
6	*Réseau des feuilles 200*

Didymodon rubellus

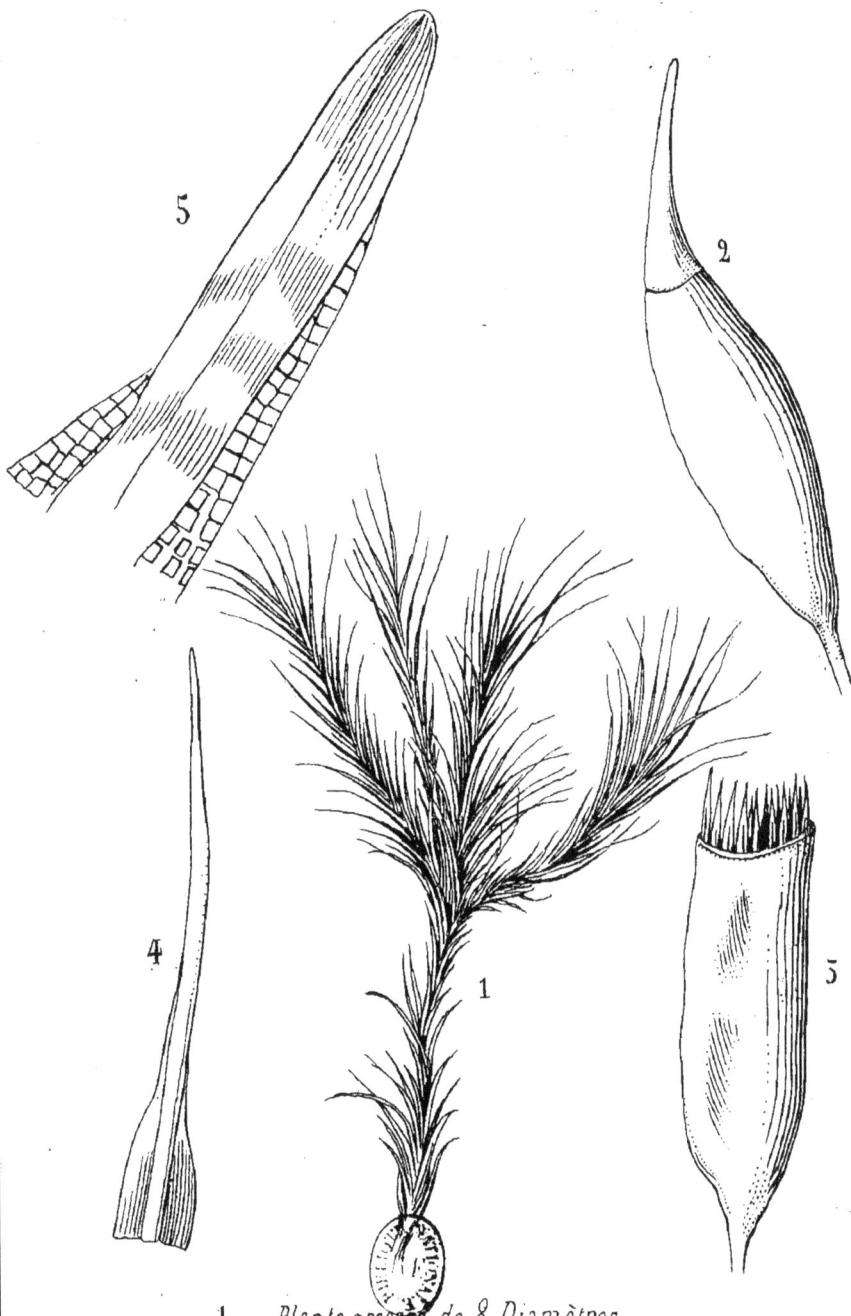

1　　Plante grossie de 8 Diamètres
2　　Capsule avec opercule gros. de 30 Diam.
3　　———— mure gros. ———————— 30 ————
4　　Feuille grossie de ——————— 25 ————
5　　Sommet de feuille avec réseau gros. 200 ————

Eucladium verticillatum

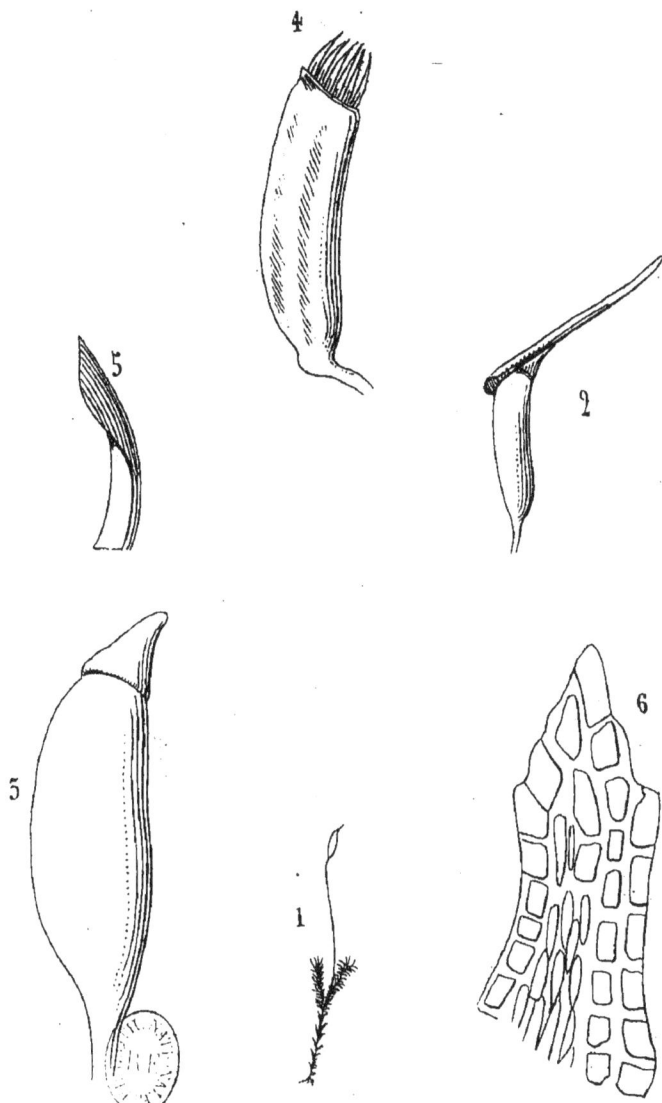

1	Plante de grandeur naturelle
2	Capsule et coiffe gros. de 8 Diamètres
3	———— avec opercule — 16 ————
4	———— mure ———— 16 ————
5	Feuille grossie ———— 16 ————
6	Sommité de feuille avec réseau gros. 200 Diam.

Ceratodon purpureus

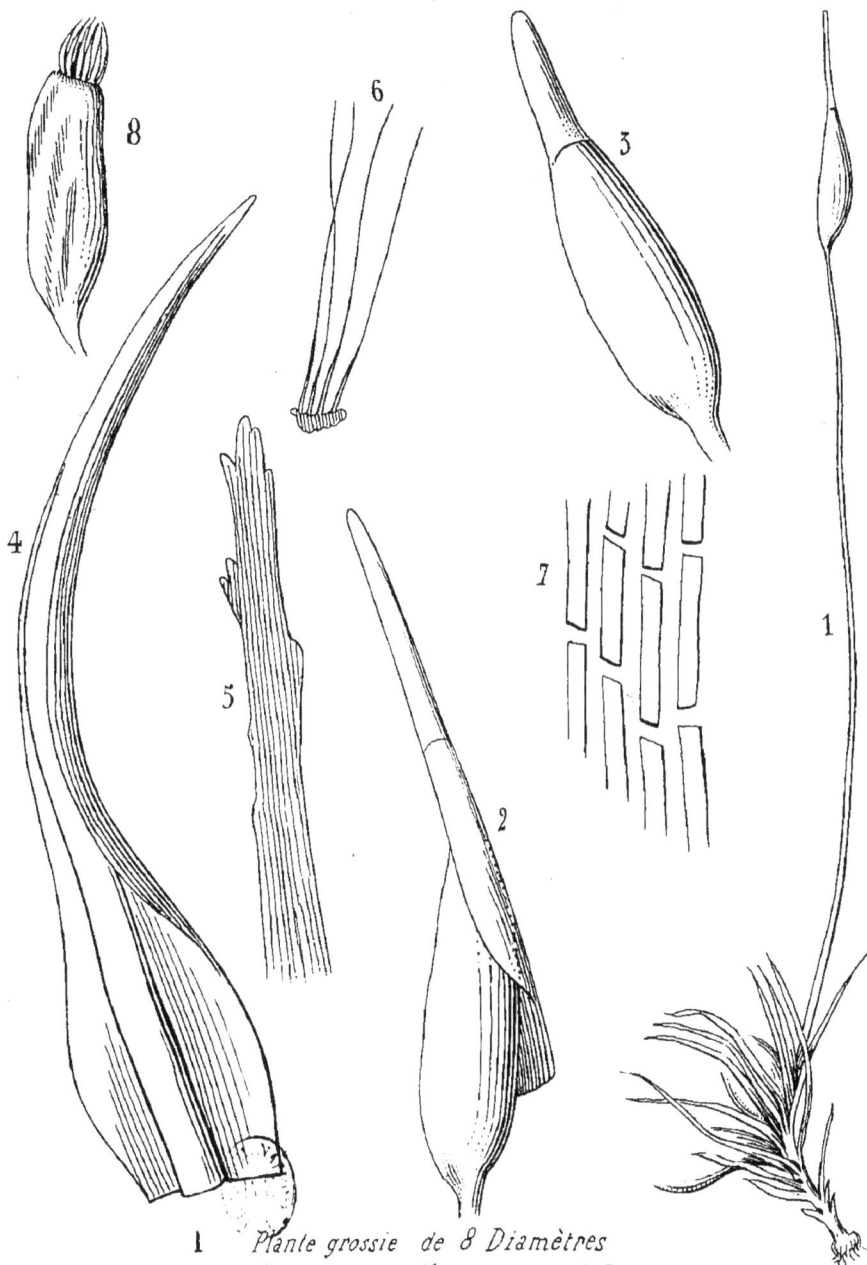

1   Plante grossie de 8 Diamètres
2   Capsule et coiffe gros. de 16 Diam.
3   _____ et opercule _____ 16 _____
4   Feuille grossie de_____ 25 _____
5   Sommité de feuille gros. — 300 _____
6   Quatre dents du péristôme gros. 65 Diam.
7   Réseau des feuilles_____ 300 ___
8   Capsule mûre gros._____ 25 _____

Leptotrichum pallidum

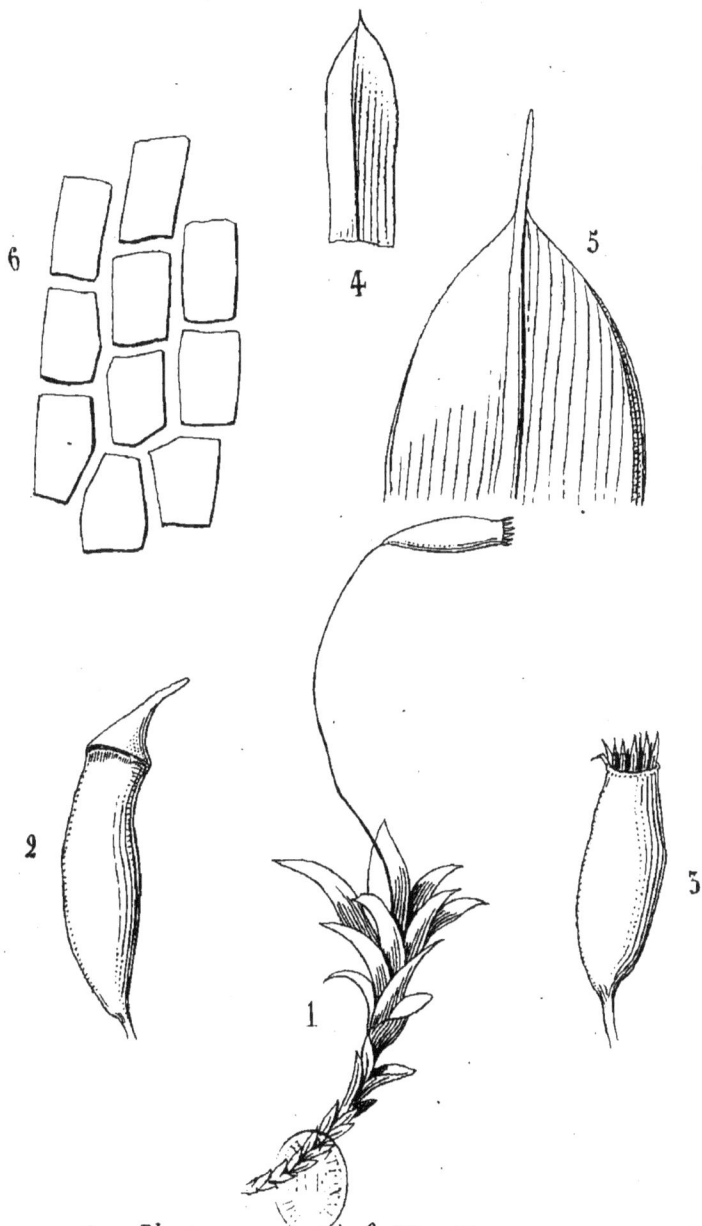

1   Plante grossie de 8 Diamètres
2   Capsule et opercule gros. de 16 Diam.
3   _____ mure gros. _____ 16 ____
4   Feuille grossie de _____ 16 ____
5   Sommité de feuille gros. _ 65 ____
6   Réseau des feuilles gros. ___ 300 ___

Trichostomum convolutum

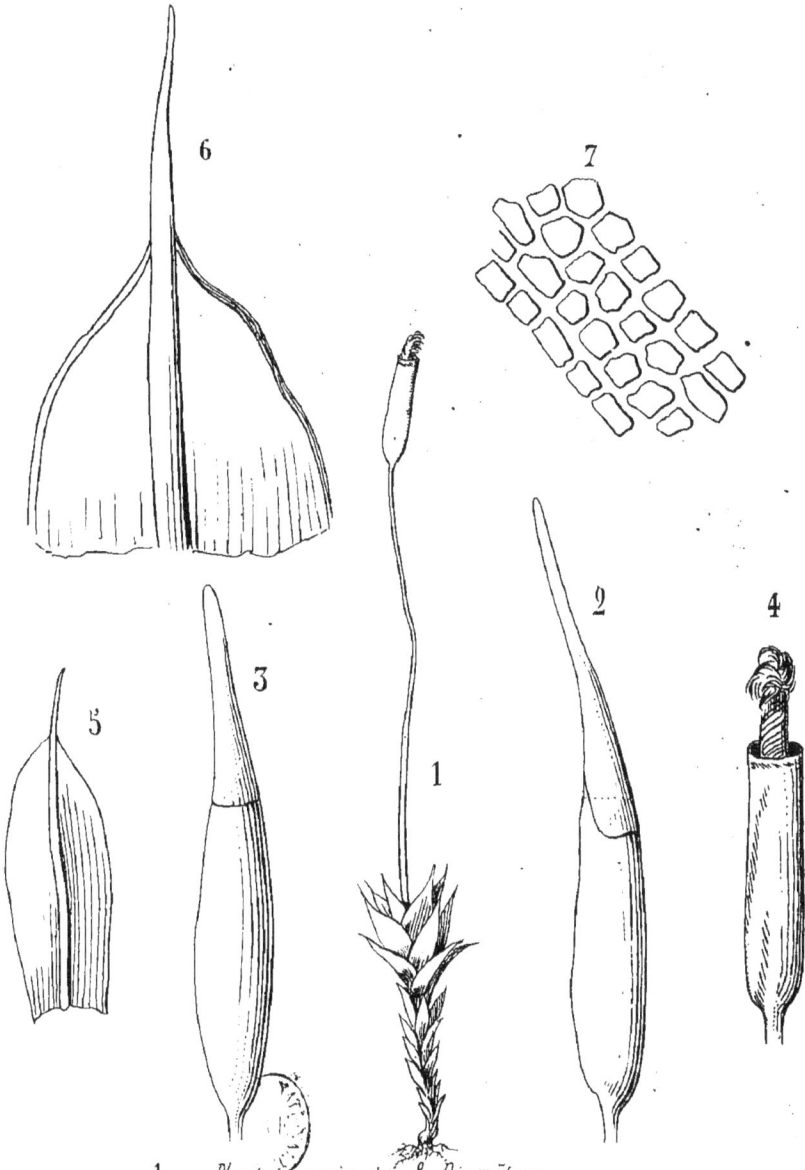

1   Plante grossie de 8 Diamètres
2   Capsule avec coiffe gros. —— 16 Diam.
3   _____ opercule _____ 16 _____
4   _____ péristôme _____ 16 _____
5   Feuille grossie de _____ 16 _____
6   Sommité de feuille gros. 65 _____
7   Réseau des feuilles   300

Barbula   canescens

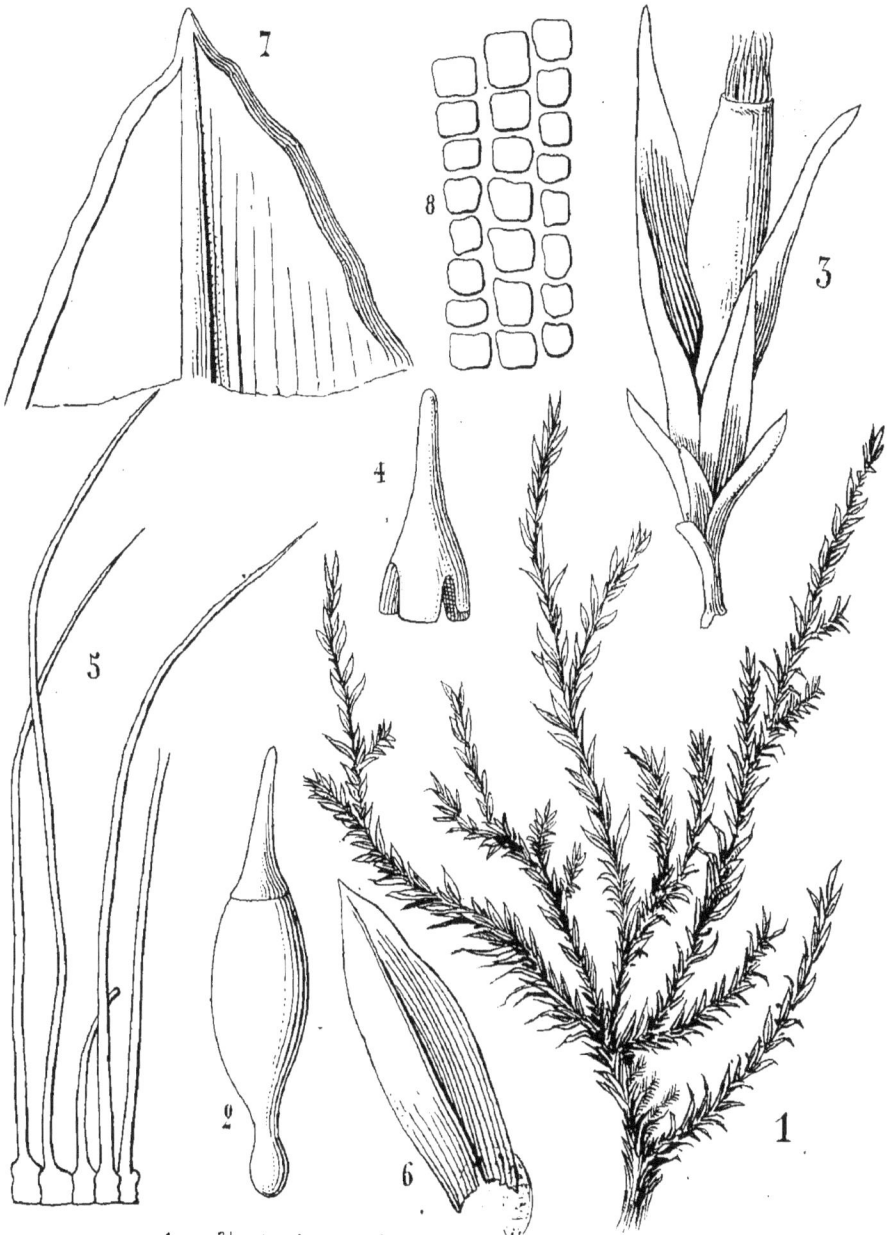

1 Plante de grandeur naturelle

2 Capsule avec opercule gros. de 12 Diam.

3 ———————— péristome au milieu des feuilles périchètiales, gr. de 12 D.

4 Coiffe grossie ——————— 12 ———

5 Portion du péristôme gros.——— 120 ———

6 Feuille grossie ——————— 12 ———

7 Sommité de feuille ——————— 65 ———

8 Réseau des feuilles ——————— 300 ———

Cinclidotus fontinaloïdes

Bull. Soc. Sc. hist. et nat. de l'Yonne. 1875. t. XXIX.

Pl. XXVII

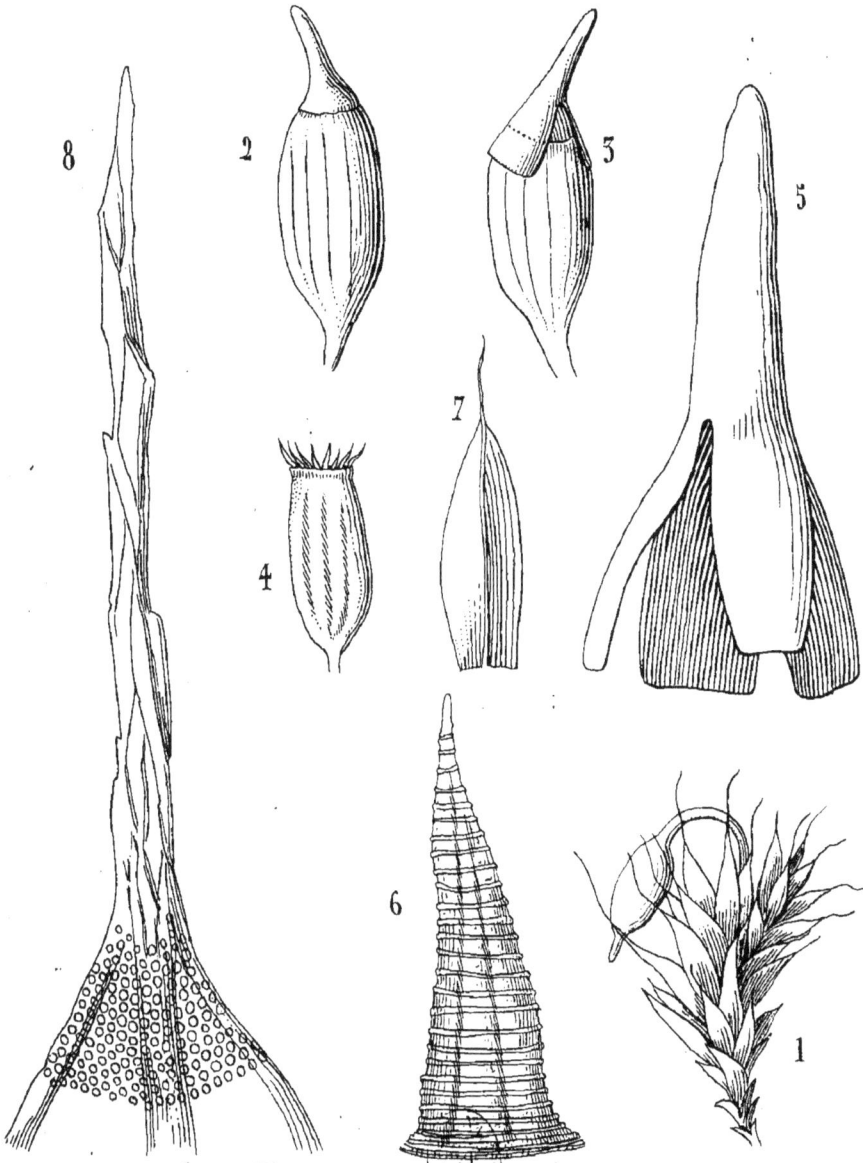

1	Plante grossie de 8 Diamètres
2	Capsule avec opercule gros. de 16 Diam.
3	—————— coiffe —————— 16 ——
4	—————— mûre grossie —————— 16 ——
5	Coiffe grossie de —————— 65 ——
6	1 dent du péristôme —————— 200 ——
7	Feuille —————— 16 —
8	Sommité de feuille gros. —— 300 ——

Grimmia pulvinata

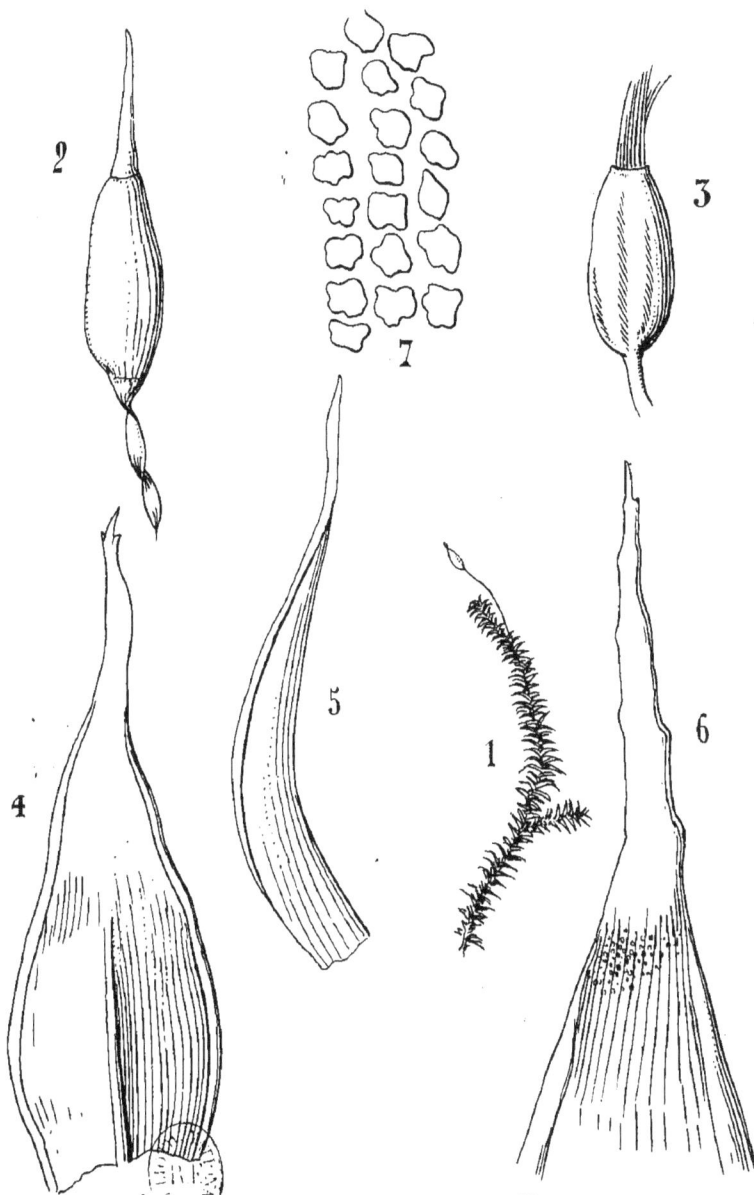

1   Plante de grandeur naturelle
2   Capsule et opercule grossis de 12 Diam.
3   ———— et péristôme ———— 12 ————
4   Feuille vue de face gros.———— 16 ————
5   ———————— de profil ———— 16 ————
6   Sommité de feuille ———— 65 ————
7   Réseau des feuilles ———— 300 ———— .

Racomitrium canescens

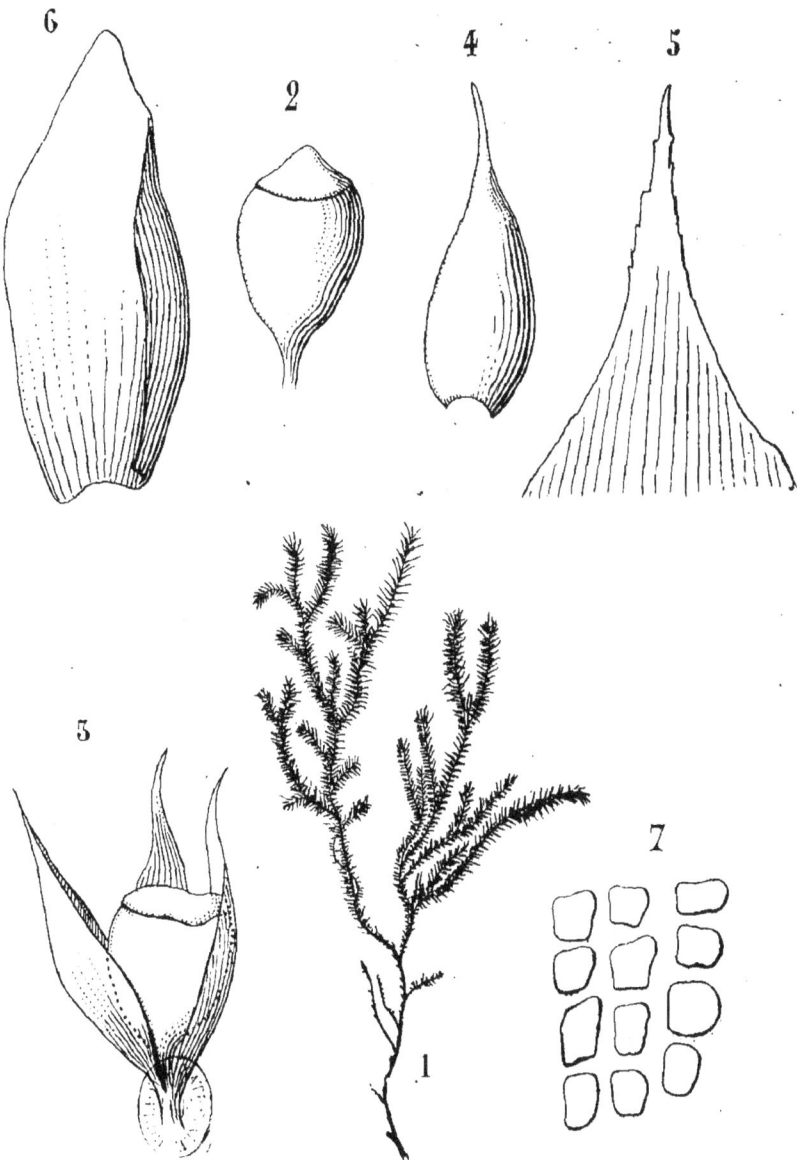

1 Plante de grandeur naturelle
2 Capsule et opercule gros. de   16 Diam.
3 ____ mûre entourée des feuilles périchètiales gros. 16 Diam.
4 Feuille grossie de   16   Diam
5 Sommité de feuille gros. de   65 _____
6 Feuille de la fleur mâle gros. ____ 65 _____
7 Réseau des feuilles _____ 300 _____

Hedwigia ciliata

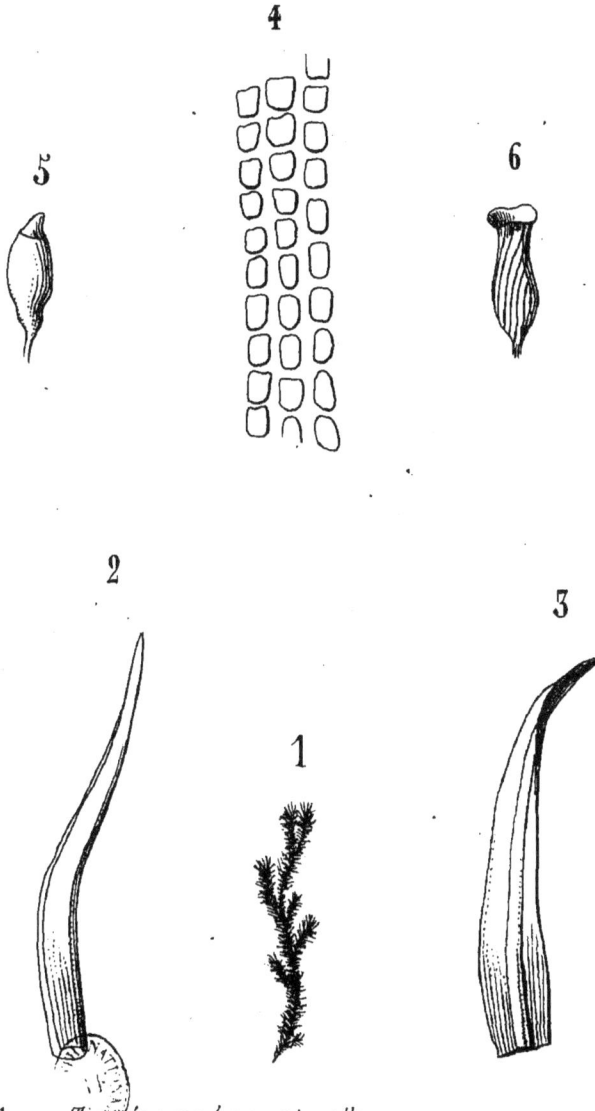

1	Tige de grandeur naturelle
2	Feuille vue de profil grossie de 25 Diam.
3	——————— face ——————— 25
4	Réseau des feuilles ——————— 300 ——
5	Capsule et opercule grossis
6	——————— mûre ———————

Amphoridium mougeotii

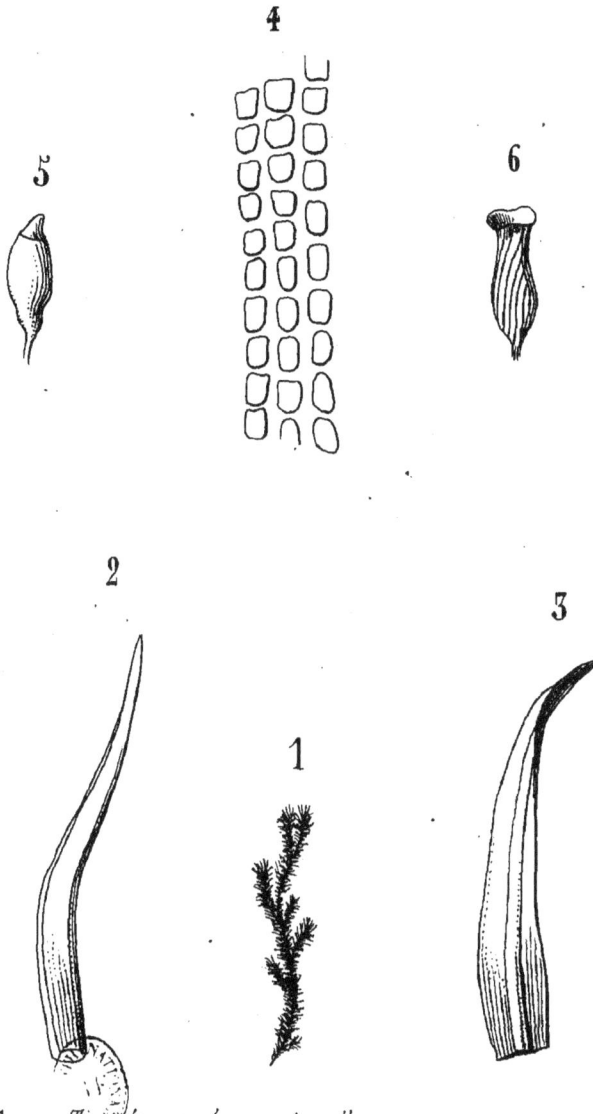

1	*Tige de grandeur naturelle*
2	*Feuille vue de profil grossie de 25 Diam.*
3	———————— *face* ——————— *25* ———
4	*Réseau des feuilles* ——————— *300* ———
5	*Capsule et opercule grossis*
6	——— *mûre* ———————

Amphoridium mougeotii

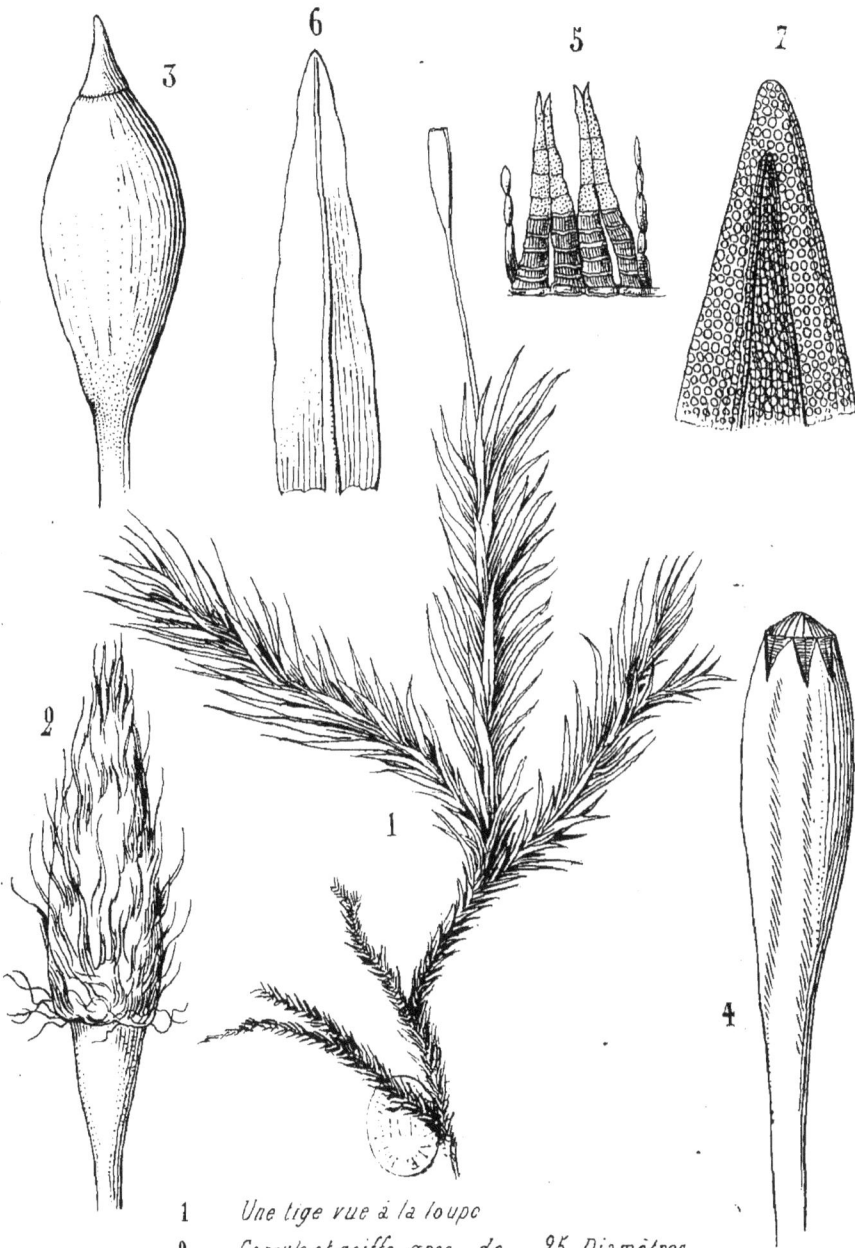

1   Une tige vue à la loupe
2   Capsule et coiffe gros. de   25 Diamètres
3   _____ et opercule _____   25
4   _____ mûre _____   25
5   Deux dents du péristôme externe et deux cils du péristôme interne gros. de 120 Diam.
6   Feuille grossie de   25 _____
7   Sommité de feuille et réseau gros. de 120 Diam.

Ulota hutchinsiæ

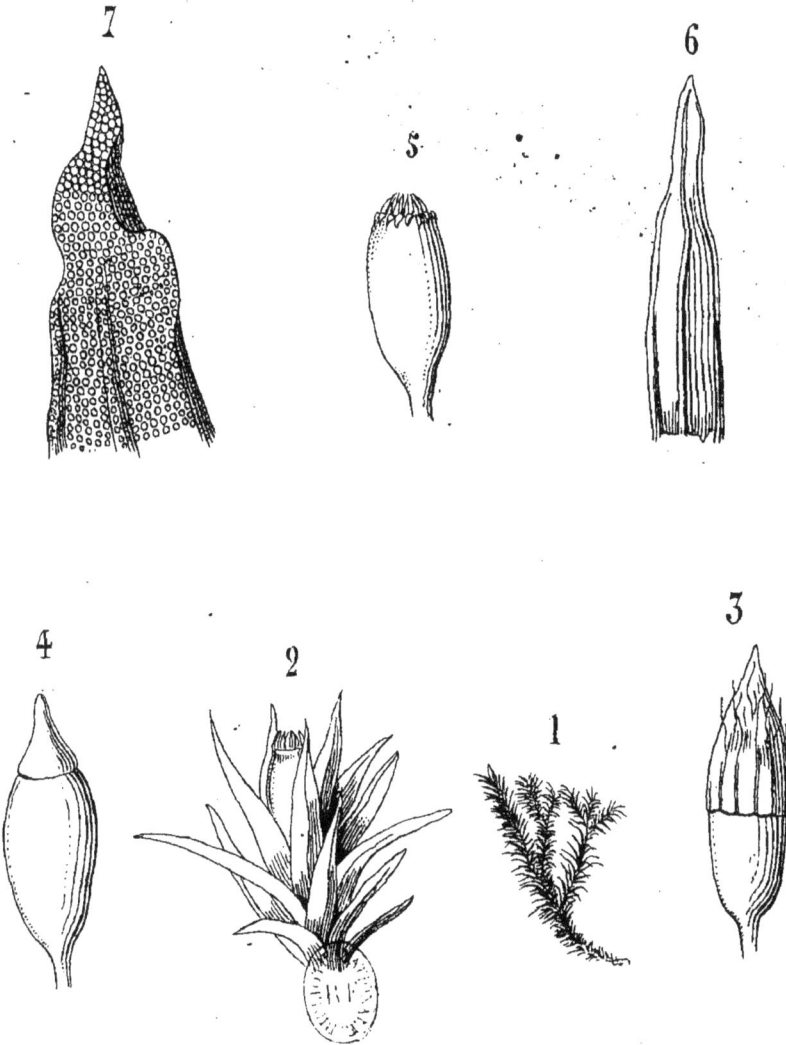

1   Plante de grandeur naturelle
2   Extrêmité d'un rameau fertile gros. de 8 Diam.
3   Capsule et coiffe gros. _____ 12 _____
4   _____ et opercule _____ 12 _____
5   _____ mûre _____ 12 _____
6   Feuille grossie _____ 12 _____
7   Sommité de feuille et réseau des feuilles gros. 65 Diam.

Orthotrichum leïocarpum

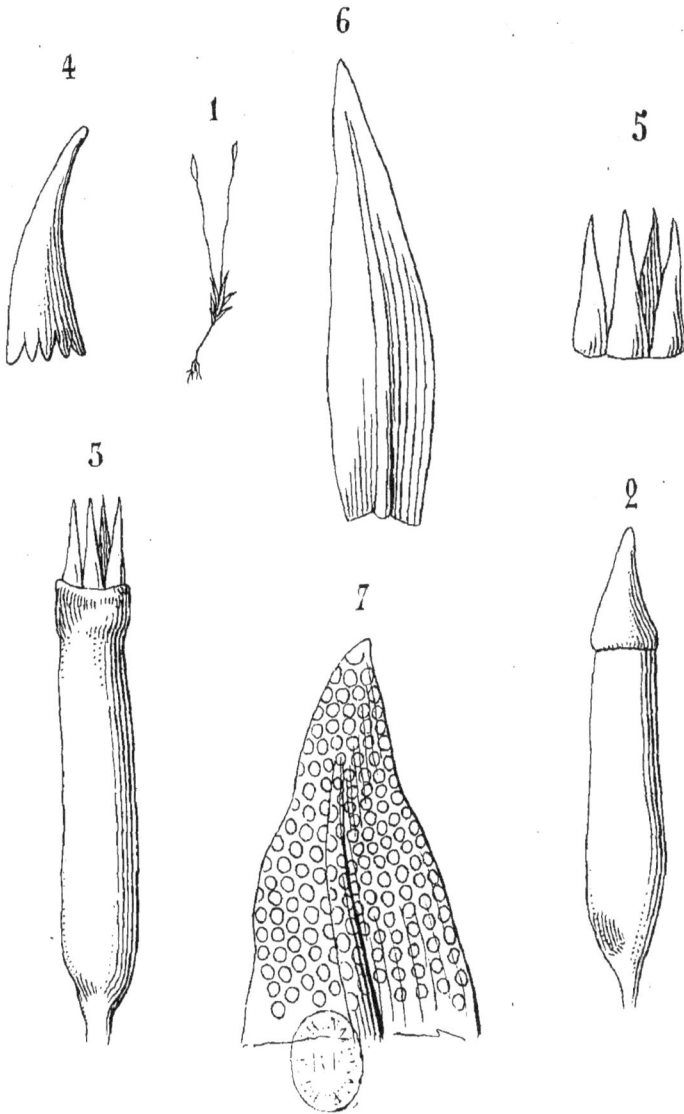

1 Plante de grandeur nature
2 Capsule et opercule gros. de 25 Diam.
3 ———— mûre ———————— 25
4 Coiffe ———————————— 25
5 Péristôme ———————— 65
6 Feuille grossie ———————— 25
7 Sommité de feuille et réseau gros. 120 Diam.

Tetraphis pellucida

Pl. XXXV

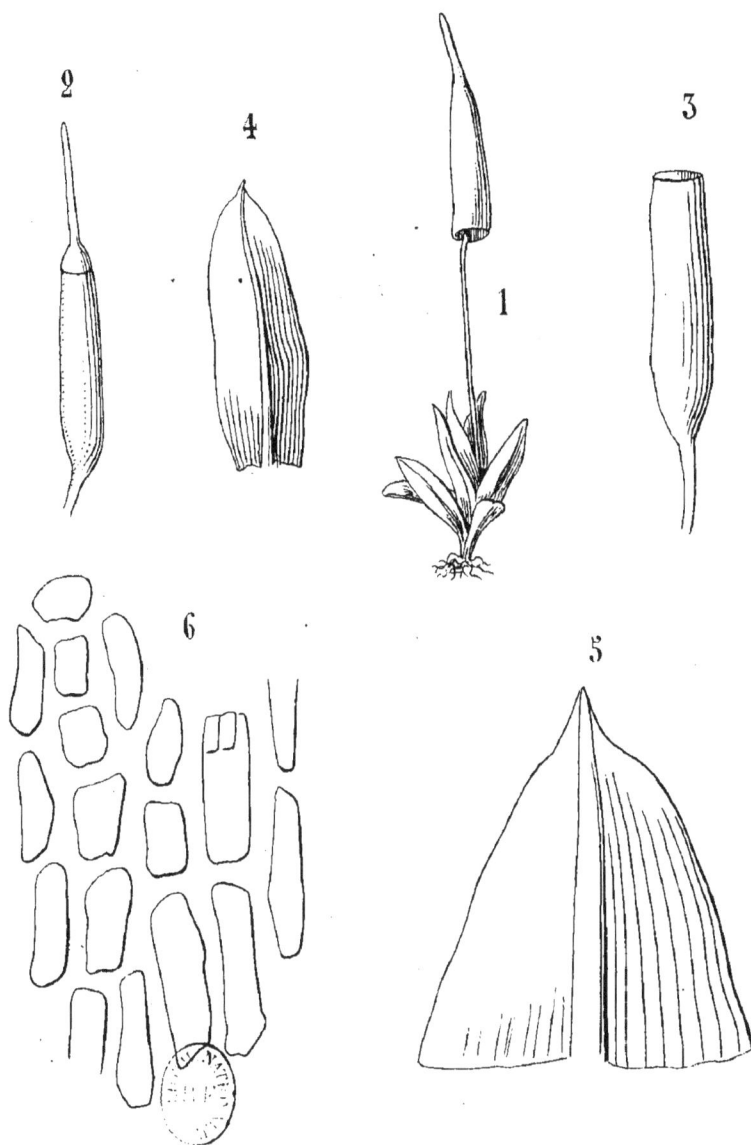

1	Plante vue à la loupe	
2	Capsule et opercule gros. de 12 Diam.	
3	—— mûre —————— 12 ——	
4	Feuille grossie ———— 12 ——	
5	Sommité de feuille ——— 65 ——	
6	Réseau des feuilles ——— 300 ——	

Encalypta vulgaris

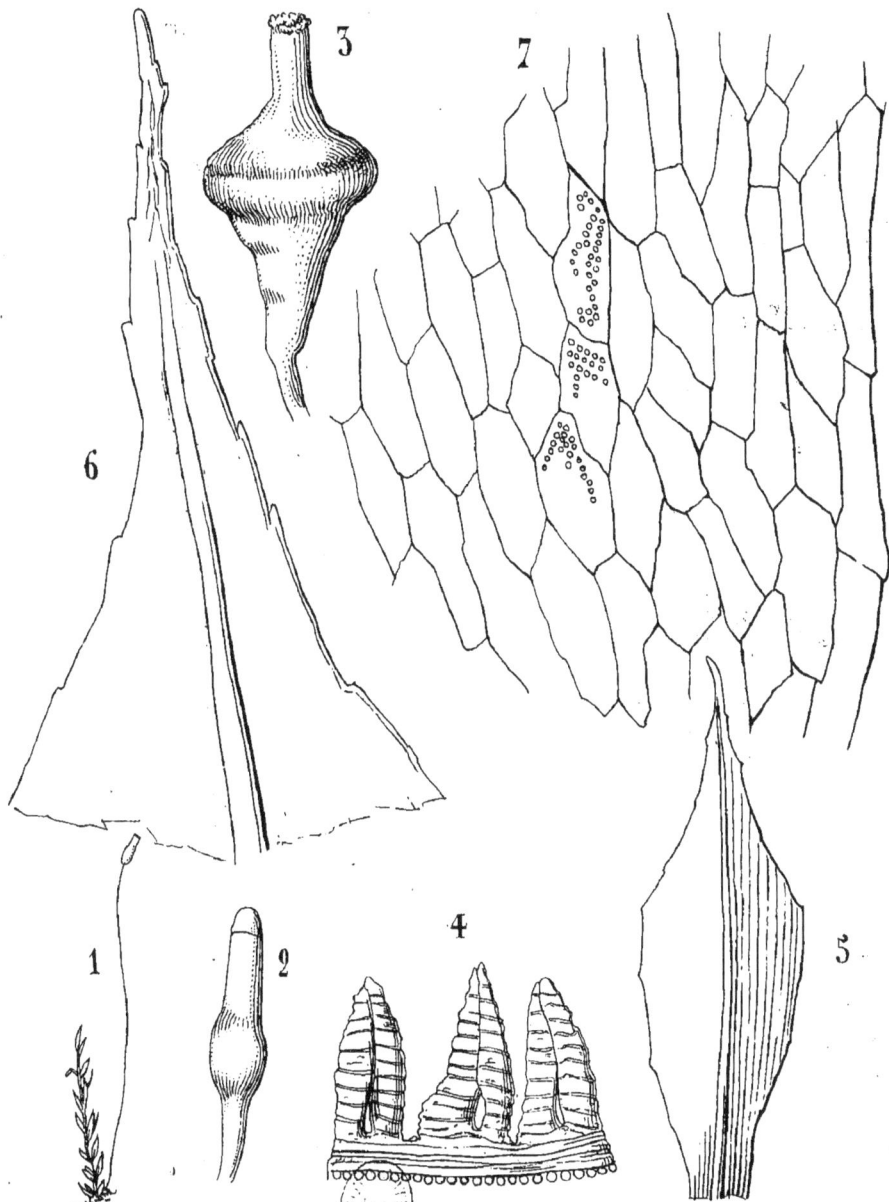

1   Plante de grandeur naturelle
2   Capsule et opercule grossis de 5 Diam.
3   _____ mûre _____ 5 _____
4   3 dents du péristôme _____ 65 _____
5   Feuille grossie _____ 12 _____
6   Sommité de feuille gros___ 65 _____
7   Réseau des feuilles _____ 200 _____

Splachnum ampullaceum

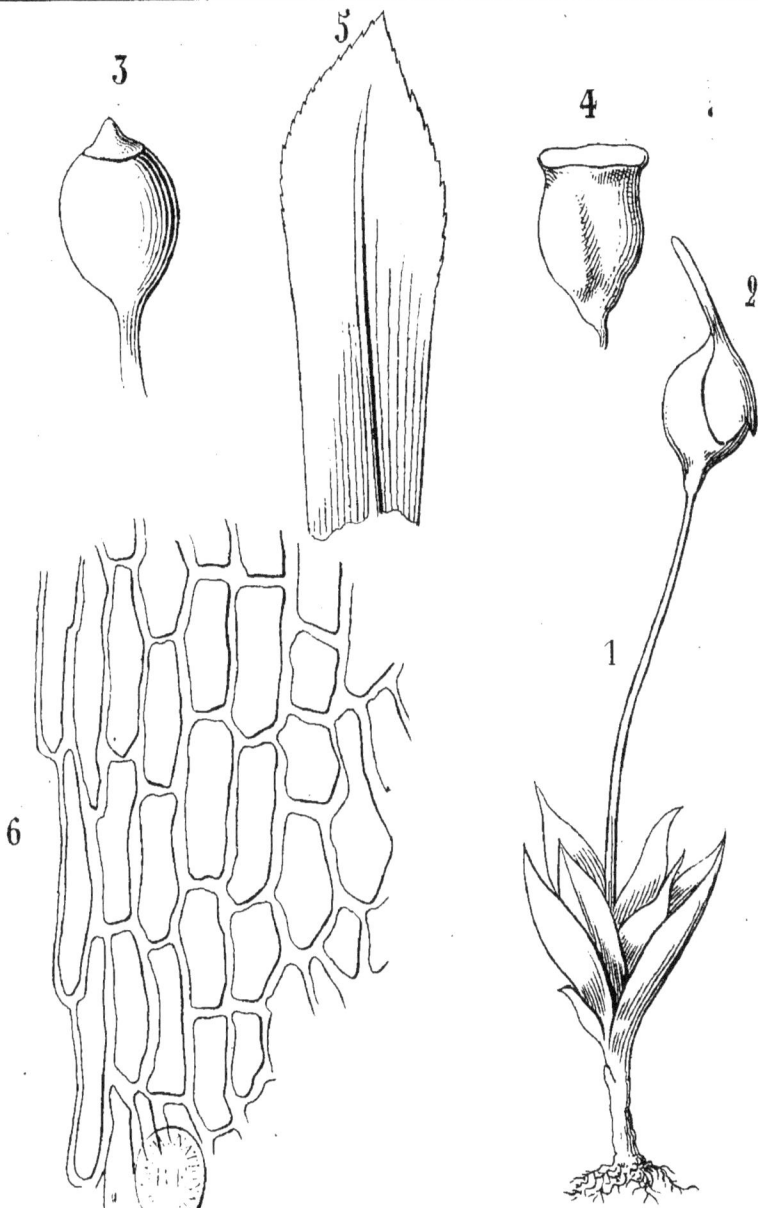

1 Plante grossie de 8 Diamètres
2 Capsule avec coiffe gros. 8 Diam
3 _____ avec opercule ____ 8 _____
4 _____ mûre   ____ 8 _____
5 Feuille gros. de _____ 12 _____
6 Réseau des feuilles gros. 200 _____

Physchomitrium   pyriforme

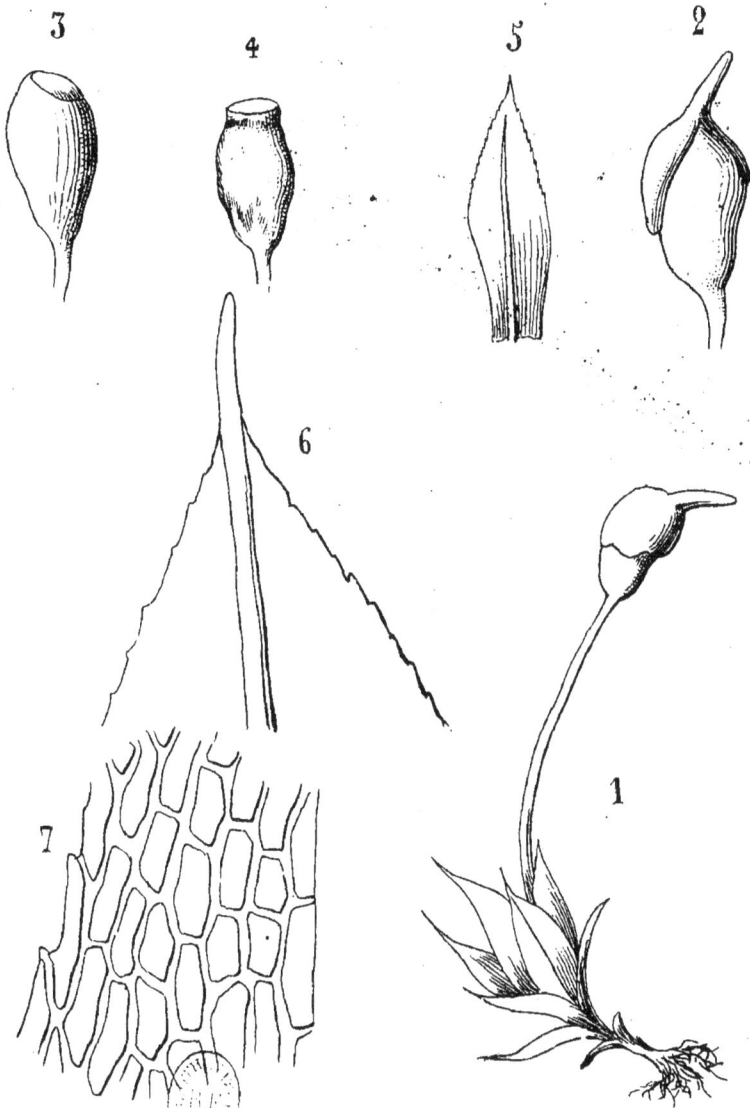

1	Plante grossie de 8 Diam.
2	Capsule avec coiffe gros. de 12 Diam.
3	——— avec opercule ——— 12 ———
4	——— mûre ——— 12 ———
5	Feuille grossie de ——— 12 ———
6	Sommité de feuille gros. ——— 65 ———
7	Réseau des feuilles ——— 200 ———

Euthostodon fasciculare

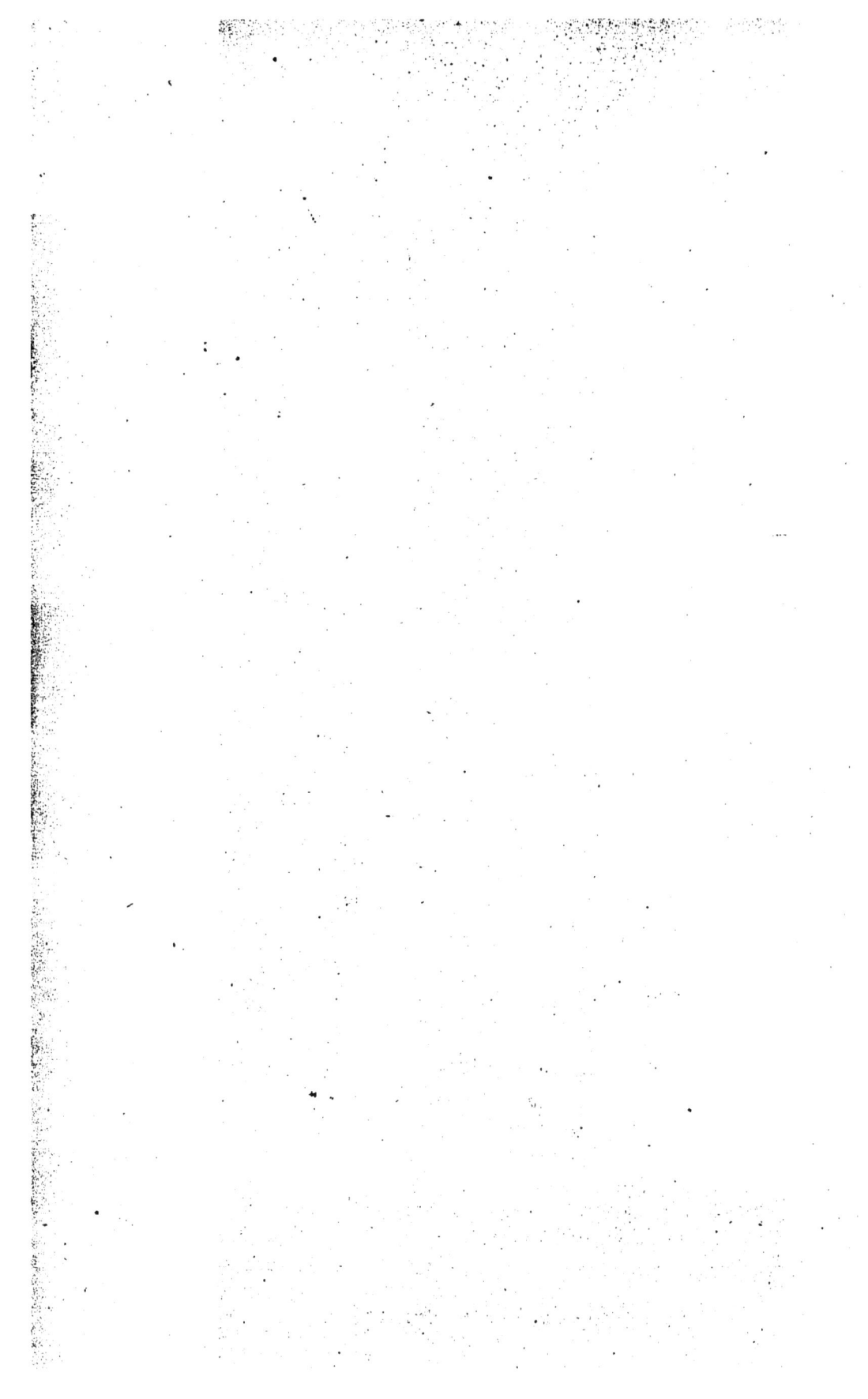

Bull. Soc. Sc. hist. et nat. de l'Yonne. 1875. t. XXIX.

Pl. XXXIX

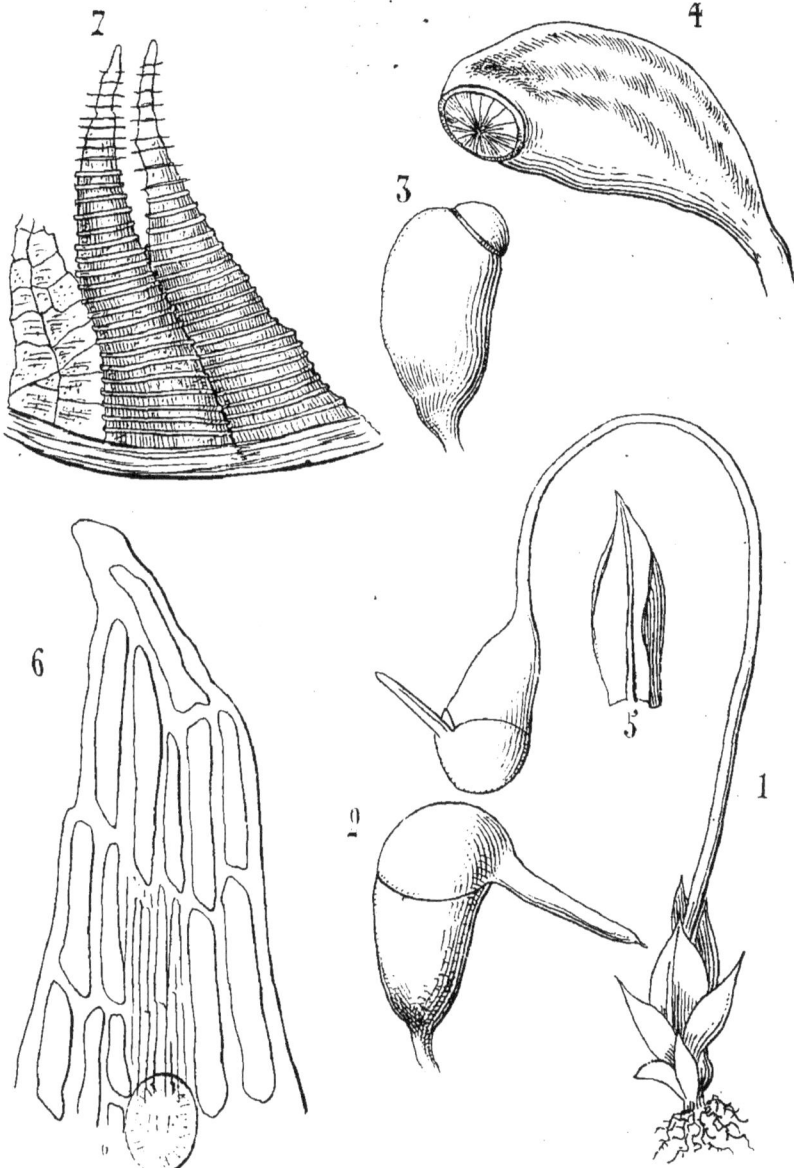

1   *Plante grossie de 8 Diam.*
2   *Capsule avec coiffe gros.   de 12 Diam.*
3   _____ *avec opercule* _____ *12* _____
4   _____ *mûre gros.* _____ *16* _____
5   *Feuille gros.* _____ *12* _____
6   *Sommité de feuille avec réseau gros. 200 Diam.*
7   *2 dents du péristôme externe et une partie de dents du péristôme interne. 60 Diam.*

Funaria   hygrometrica

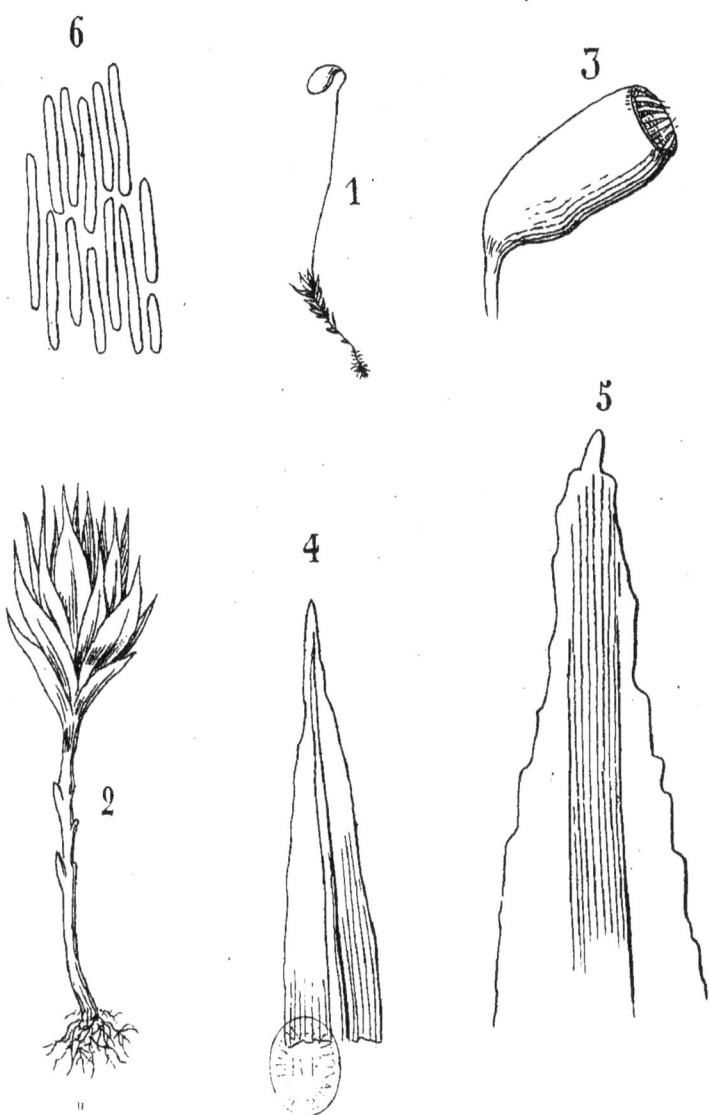

1 Plante de grandeur naturelle
2 _____ stérile grossie   de   12 Diam.
3 Capsule mûre _____ 12_____
4 Feuille grossie de_____ 25_____
5 Sommité de feuille gros. 65_____
6 Réseau des feuilles___ 200_____

Webera   nutans

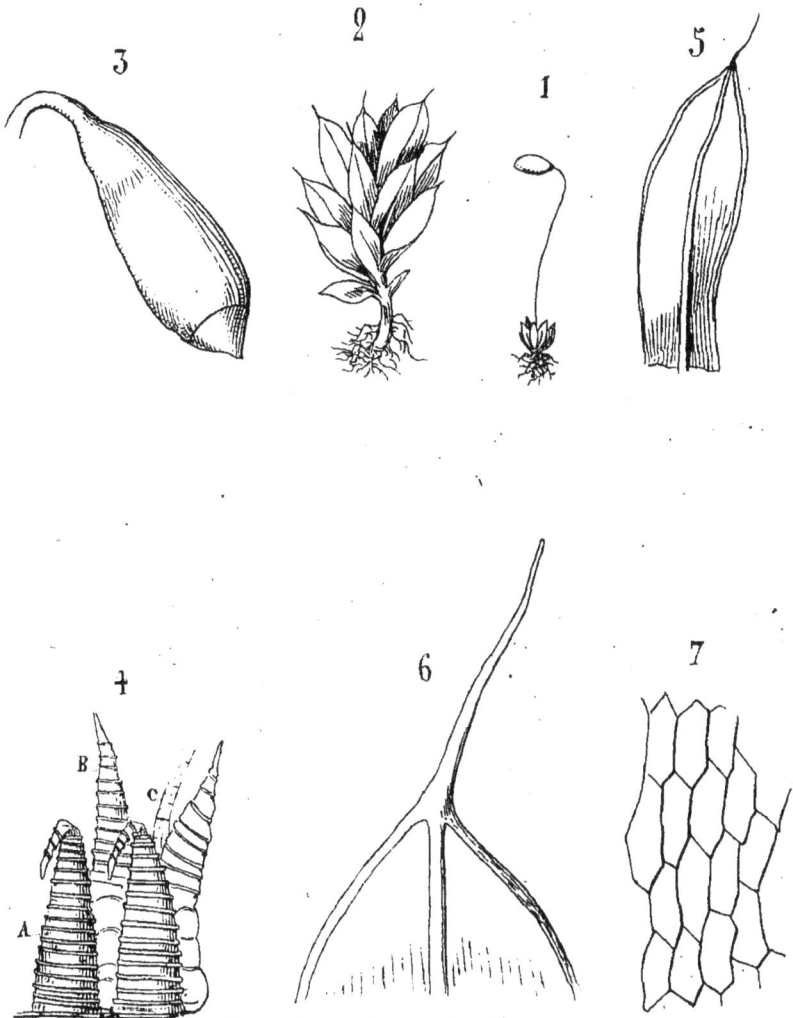

3 2 1 5

4 6 7

B

C

A

1 *Plante de grandeur naturelle*
2 *Tige stérile grossie de 8 Diam.*
3 *Capsule avec opercule gros. 12 Diam.*
4 *Portion du péristome ____ 65 ____*
 A 2 dents du péristome externe
 B 2 _____ interne
 C 2 cilioles appendiculés
5 *Feuille gros. de _____ 12 ____*
6 *Sommité de feuille____ 65 ____*
7 *Réseau des feuilles ___ 200 ____*

Bryum capillare

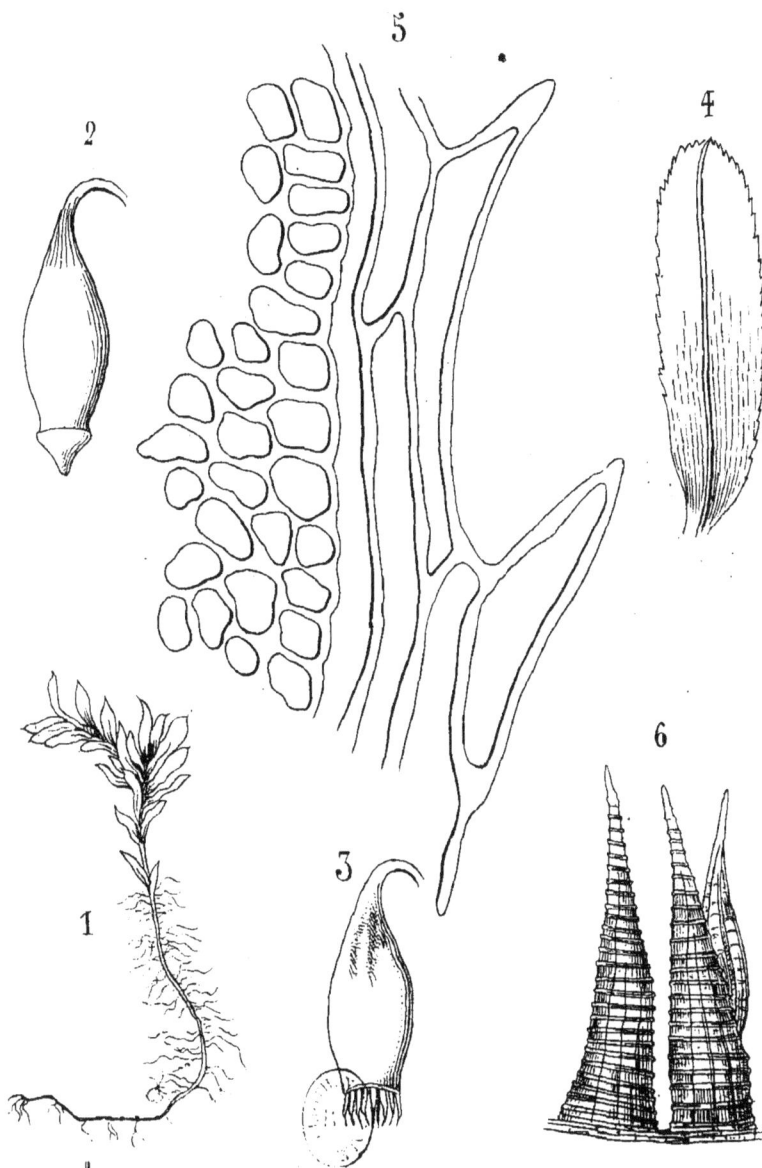

1	Plante de grandeur naturelle
2	Capsule et opercule gros. de 8 Diam.
3	_____ mûre _____ 8 ____
4	Feuille gros. de _____ 8 ____
5	Réseau des feuilles gros. ____ 200 ____
6	Portion du péristome double gros. 65 ____

Mnium undulatum

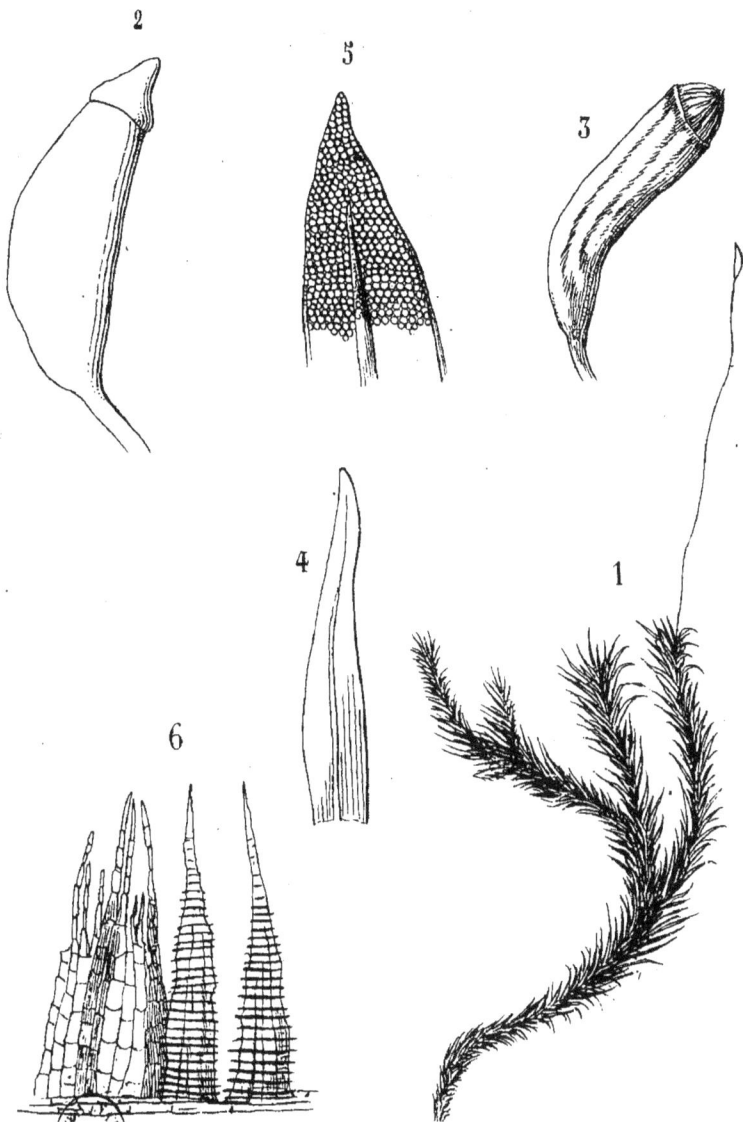

1	Plante de grandeur naturelle
2	Capsule et opercule gros. de 12 Diam.
3	—— mûre gros. ——— 12 ——
4	Feuille gros ——————— 12 ——
5	Sommité de feuille et réseau gros. 65 ——
6	Portion du péristome double gros. 65 ——

Aulacomium palustre

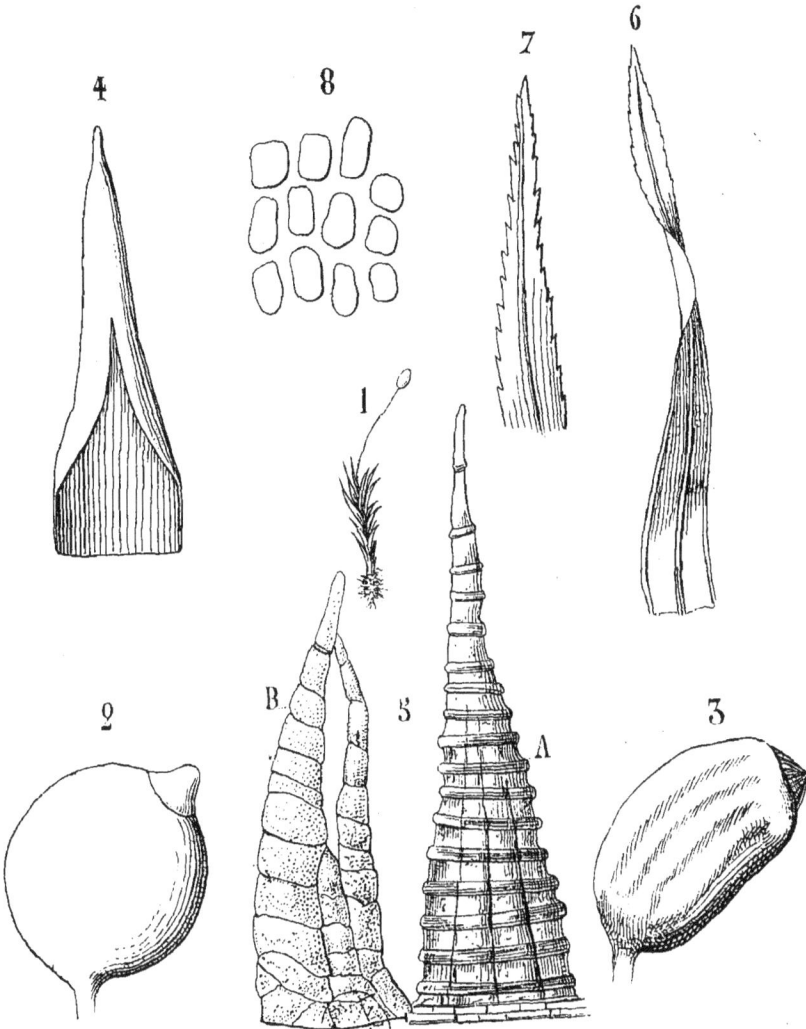

1   *Plante de grandeur naturelle*
2   *Capsule et opercule gros. de 16 Diam.*
3   _____ *mûre gros.* _____ 16 _____
4   *Coiffe gros.* _____ 25 _____
5   *Port du péristome double gros.* 200 _____
     A *1 dent du périst. externe*
     B *1* _____ *interne*
6   *Feuille gros. de* _____ 16 _____
7   *Sommité de feuille gros.* 65 _____
8   *Réseau des feuilles* _____ 200 _____

Bartramia pomiformis

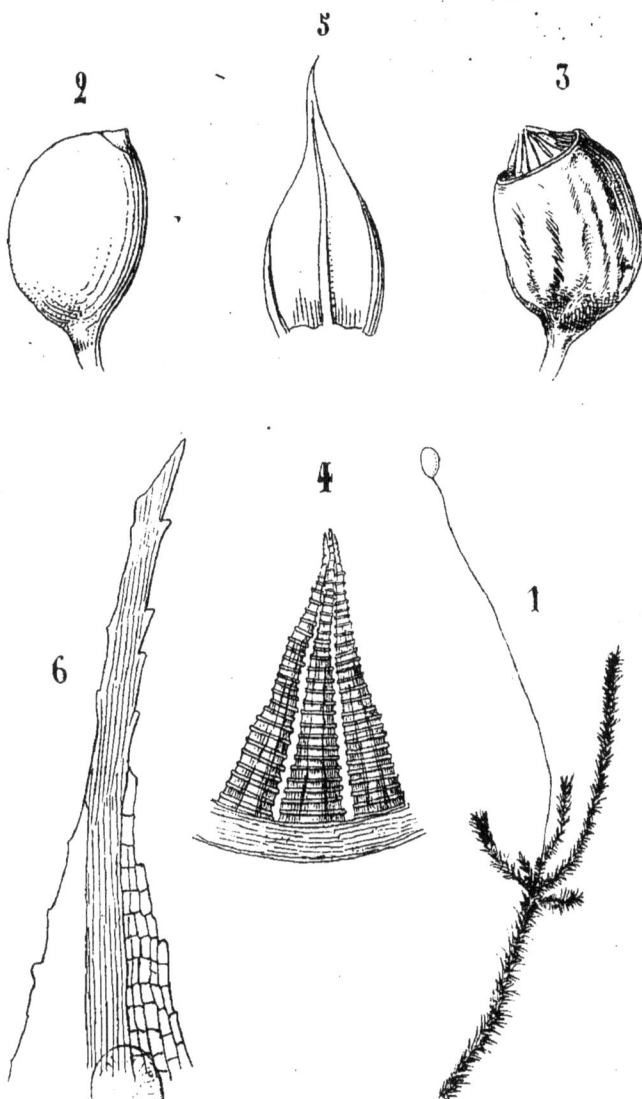

1 Plante de grandeur naturelle
2 Capsule et opercule gros.   de 8 Diam.
3 ———— mûre gros.———— 8 ————
4 3 dents du peristome externe gros.—— 65 ——
5 Feuille grossie de ———— 25 ————
6 Sommité de feuille avec réseau gros. 200 ——

Philonotis   fontana

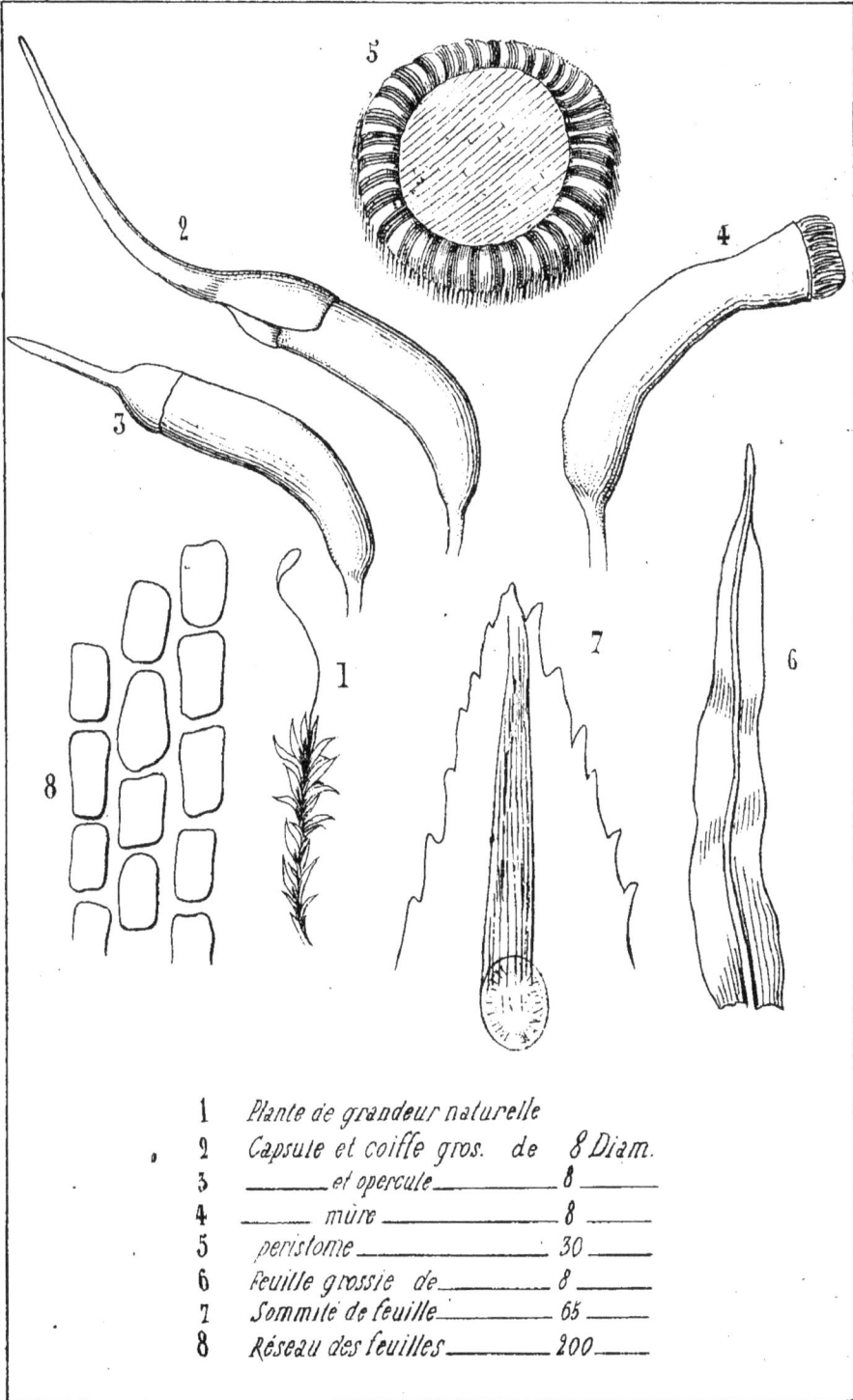

1	Plante de grandeur naturelle		
2	Capsule et coiffe gros. de	8	Diam.
3	_____ et opercule _____	8	_____
4	_____ mûre _____	8	_____
5	peristome _____	30	_____
6	Feuille grossie de _____	8	_____
7	Sommité de feuille _____	65	_____
8	Réseau des feuilles _____	200	_____

Atrichum undulatum

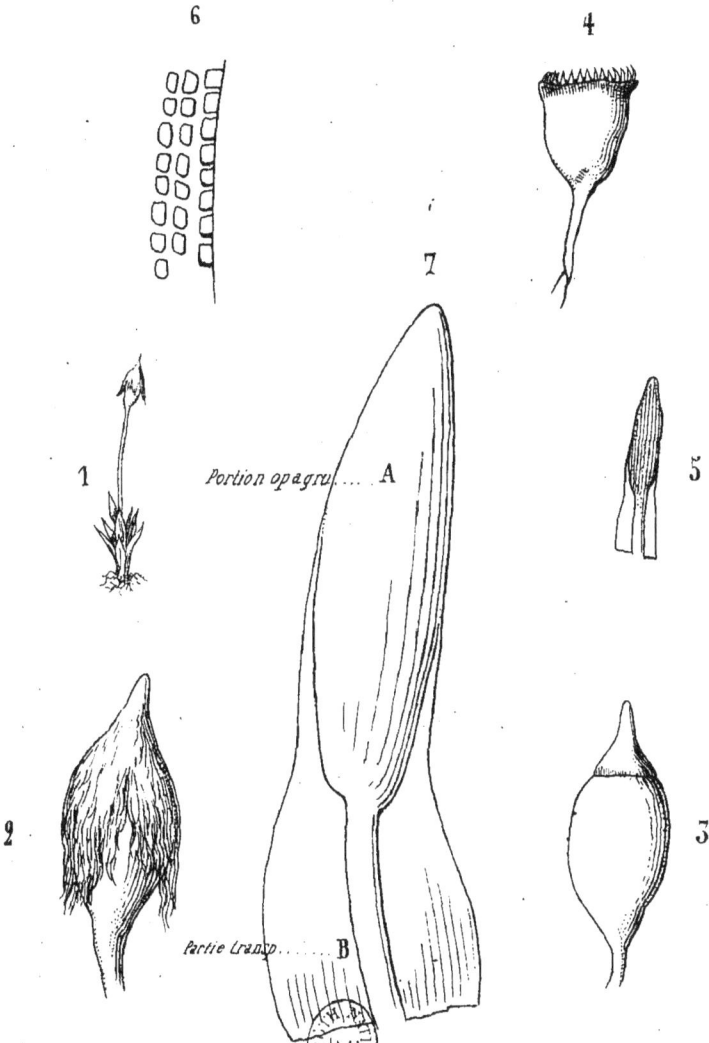

Portion opagru.___ A

Partie transp.___ B

1   Plante de grandeur naturelle
2   Capsule et coiffe grossies de 8 Diam.
3   _____ et opercule _____ 8 ____
4   _____ mûre _____ 8 ____
5   Feuille gros. _____ 8 ____
6   Réseau des feuilles _____ 200 ____
7   Feuille gros. _____ 25 ____

Pogonatum nanum

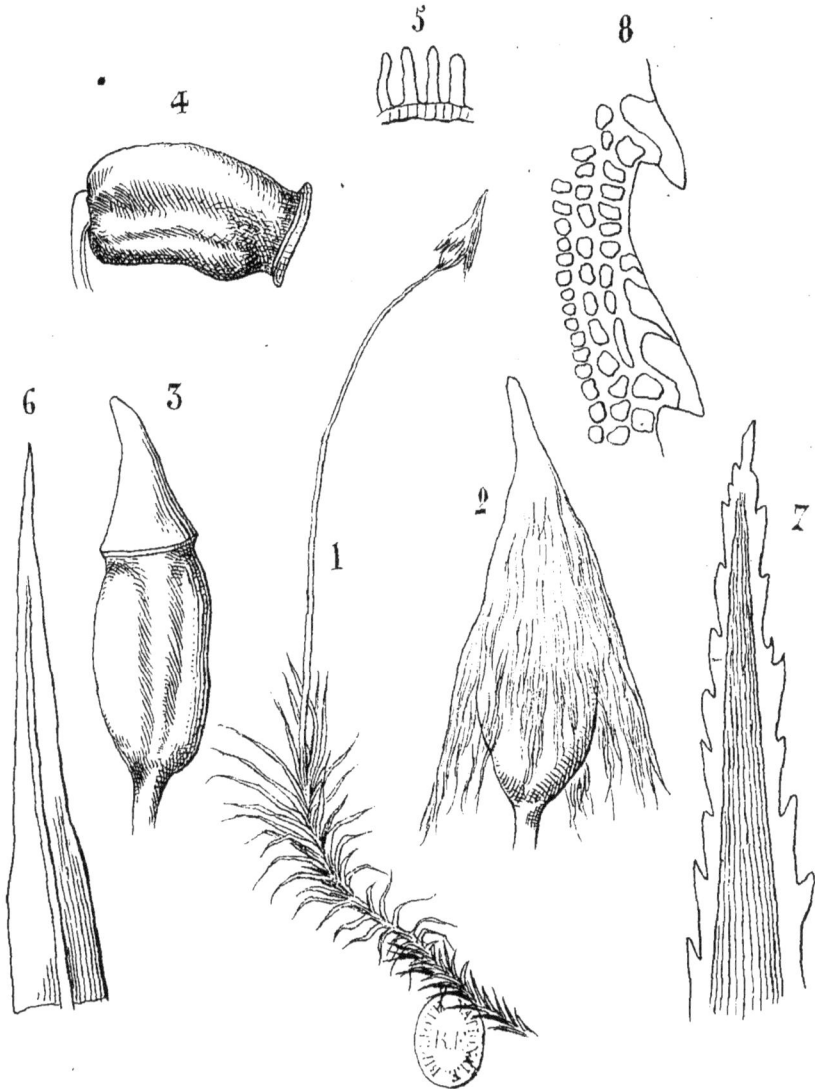

1	Plante de grandeur naturelle
2	Capsule et coiffe grossies de 8 Diam.
3	_____ et opercule _____ 8 _____
4	_____ mûre _____ 8 _____
5	Portion du péristome _____ 65 _____
6	Feuille grossie de _____ 8 _____
7	Sommité de feuille _____ 65 _____
8	Réseau des feuilles _____ 200 _____

Polytrichum formosum

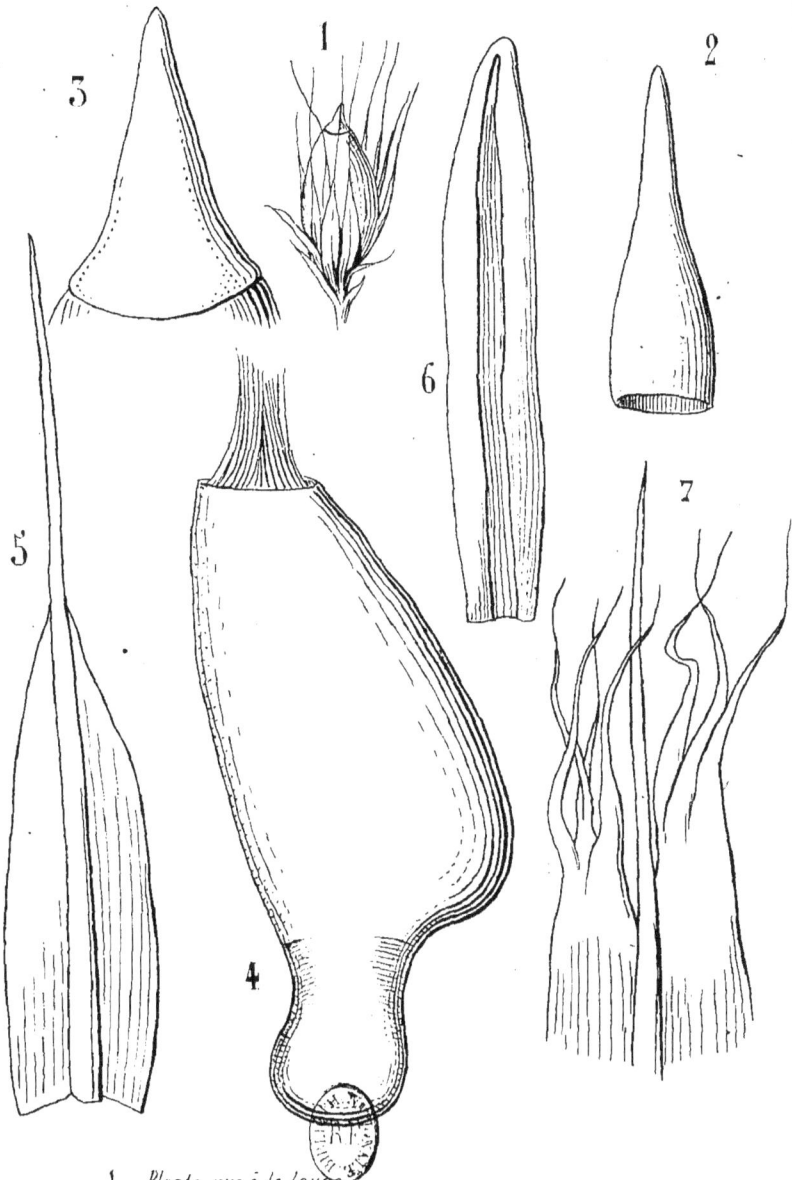

1 Plante vue à la loupe.
2 Coiffe grossie de 25 Diam.
3 Sommité de capsule avec opercule gros. de 25 Diam.
4 Capsule mûre gros. _____ 25 ___
5 Feuille de tige fertile _____ 25 ___
6 _____ de tige stérile _____ 25 ___
7 _____ périchéliale _____ 25 ___

Diphyscium foliosum

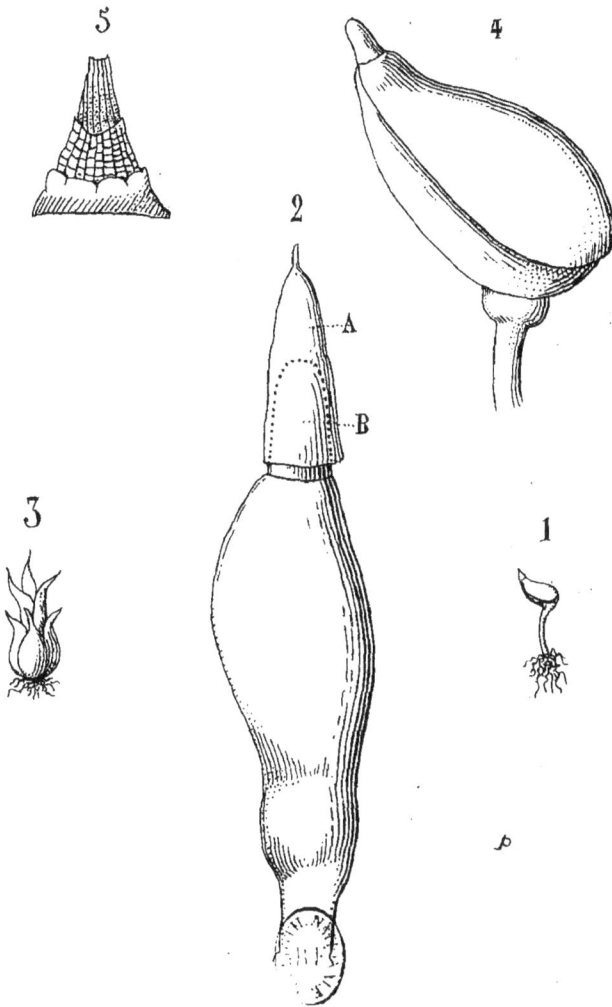

1   *Plante de grandeur naturelle*
2   *Capsule jeune grossie 25 Diam. A coiffe; B opercule*
3   *Très-jeune plante feuillée et grossie*
4   *Capsule développée grossie 12 Diam.*
5   *Péristome grossi 25 Diam.*

Buxbaumia aphylla

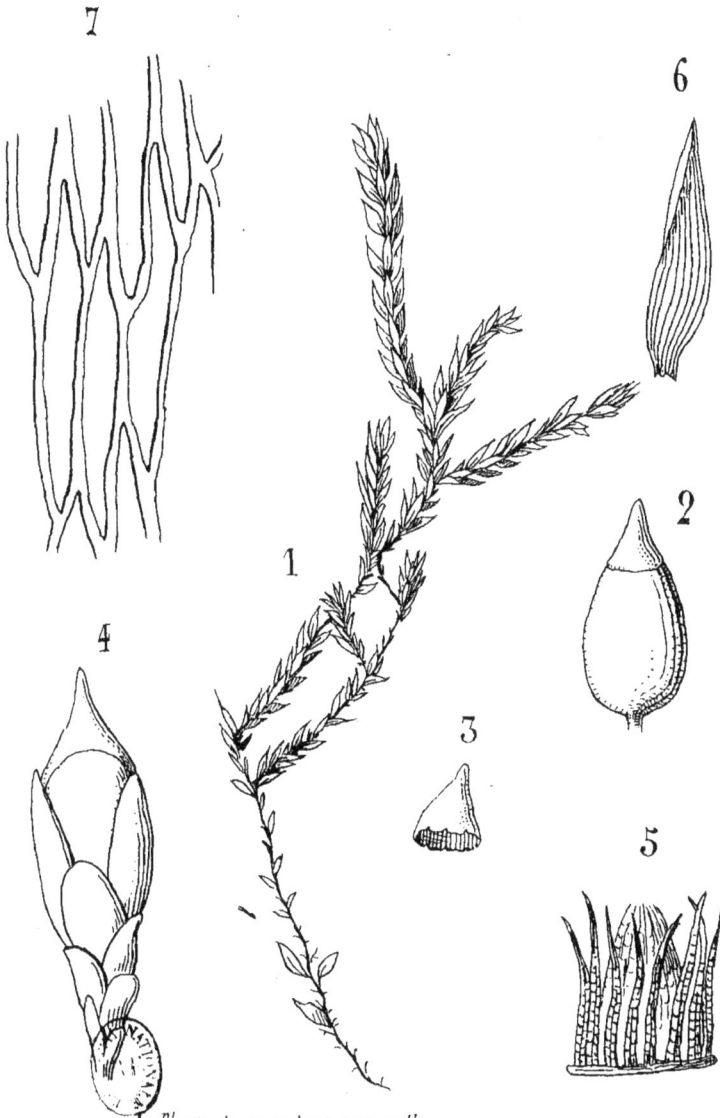

1 *Plante de grandeur naturelle*
2 *Capsule et opercule grossis   de 8 Diamètres.*
3 *Coiffe grossie_____ 8_____*
4 *Capsule entourée de ses feuilles périchétiales gros.8 Diam.*
5 *Péristome double gros.   de   25_____*
6 *Feuille grossie _____   8_____*
7 *Réseau des feuilles gros.____ 200_____*

Fontinalis antipyretica

Bull. Soc. Sc. hist. et nat. del'Yonne. 1875. t. XXIX.

Pl. LII

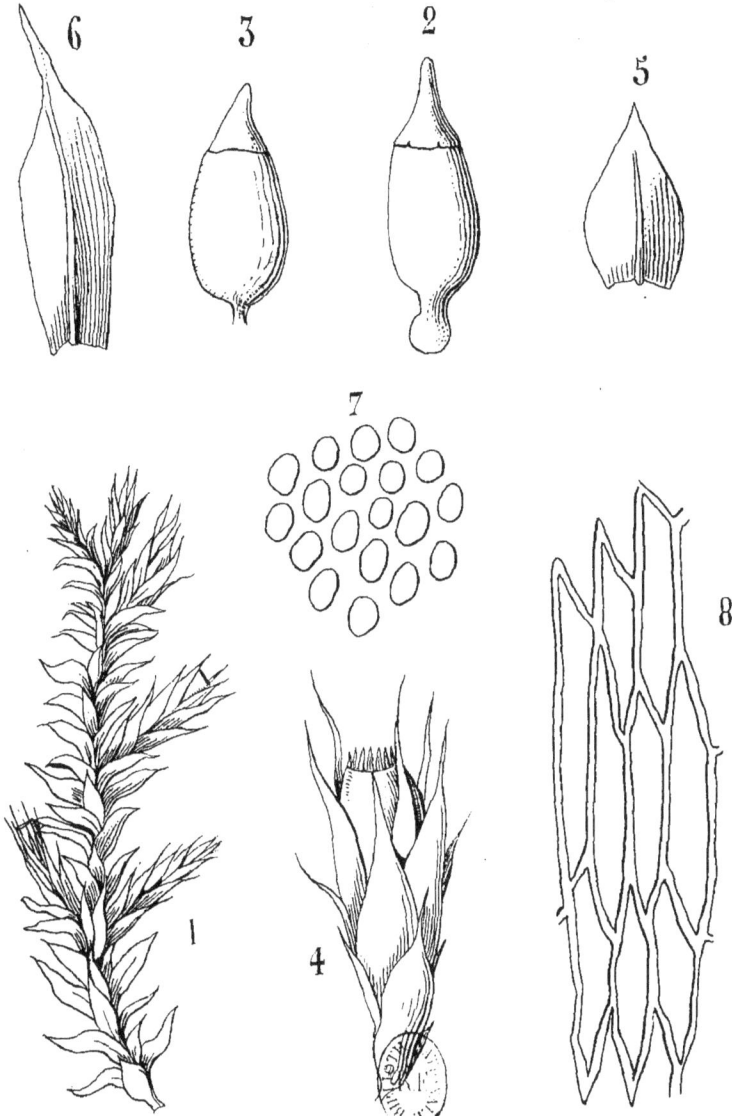

1   Plante gros. de 8 Diamétres
2   Capsule et coiffe gros. de 16 Diam.
3   ――― et opercule ――― 16 ―――
4   ―――― et peristome entouré d'eses feuilles périchétiales gros. 16.
5   Feuille de la tige gros. ―― 16 ―――
6   ―――― périchétiale ―――― 16 ―――
7   Réseau des feuilles de la tige gros. 200 ――
8   ―――――――― périchétiales gros. 200 ――

Cryphœa heteromalla

Bull. Soc. Sc. hist. et nat. de l'Yonne. 1875. t. XXIX.

Pl. LIII

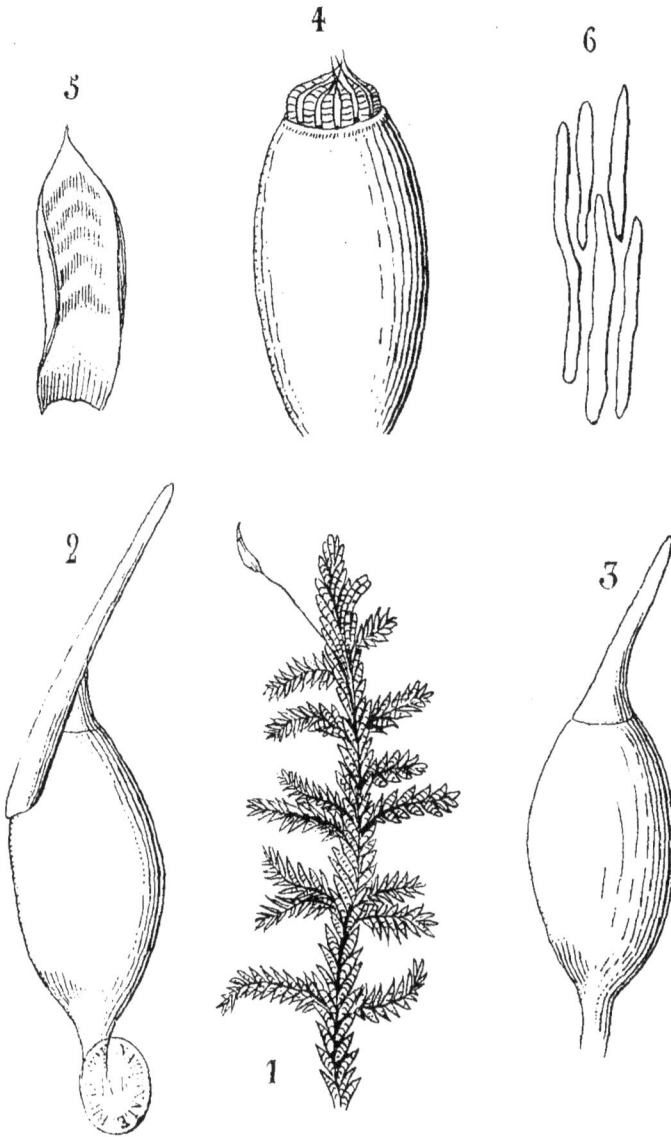

1	Plante de grandeur naturelle
2	Capsule et coiffe grossies de 12 Diam.
3	———— et opercule ———— 12 ————
4	———— et péristome ———— 12 ————
5	Feuille grossie ———— 12 ————
6	Réseau des feuilles gros. ———— 200 ————

Neckera crispa

Bull. Soc. Sc. hist. et nat. de l'Yonne. t XXIX.

Pl. LIV

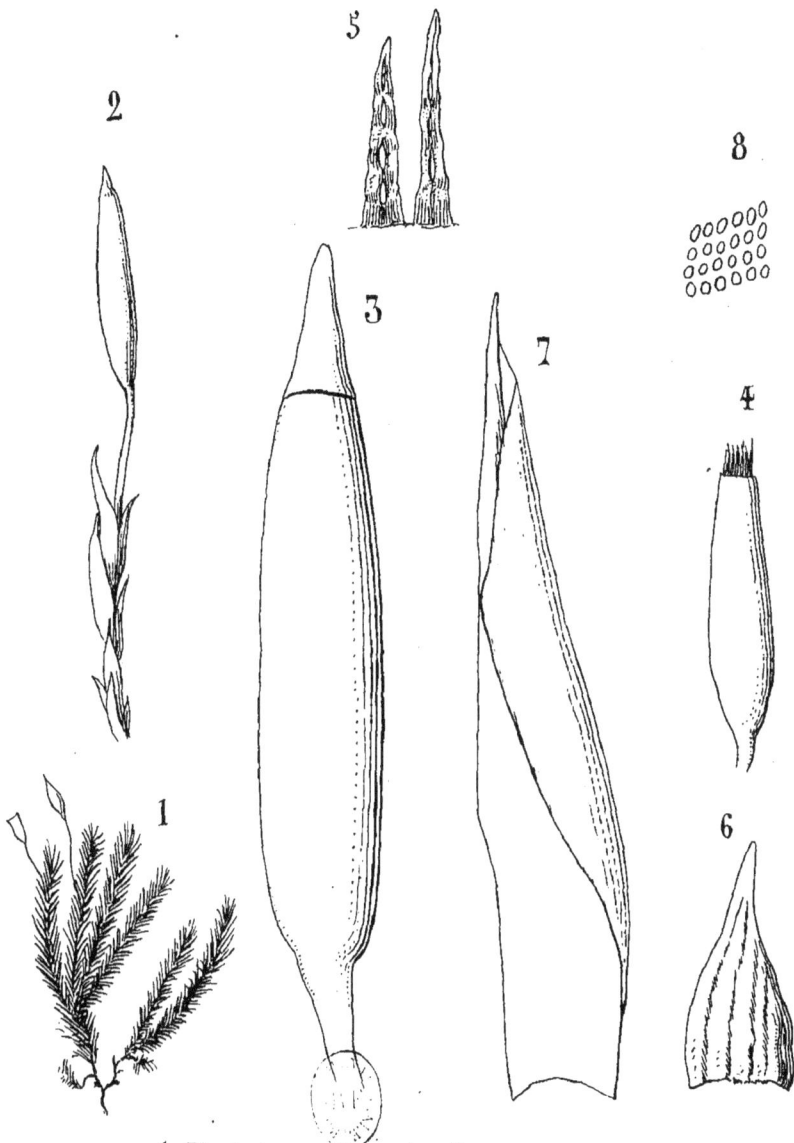

1 *Plante de grandeur naturelle*
2 *Pédicelle et feuilles perichétiales grossis 8 Diam.*
3 *Capsule pourvue de son opercule_____ 12___*
4 *id mûre avec péristome_____ 8 ___*
5 *2 dents du péristome_____ 60___*
6 *Feuille de la tige._____ 18___*
7 *_____ perichétiale_____ 12___*
8 *Cellules du bord de la feuille grossie : 300___*

Leucodon sciuroïdes

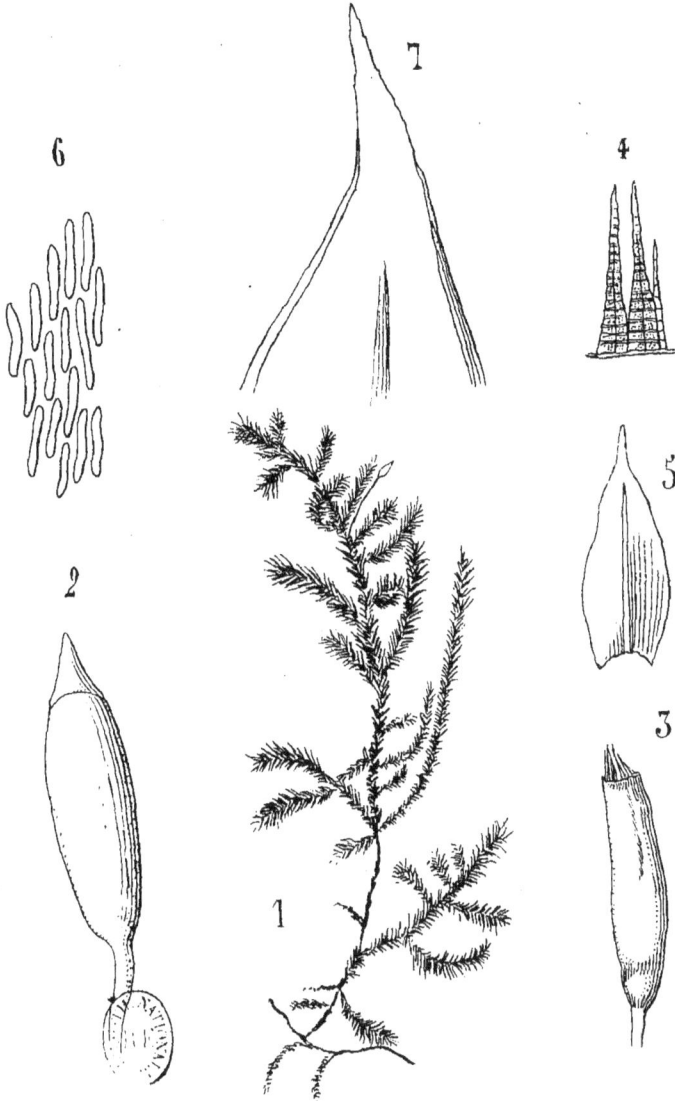

1 *Plante de grandeur naturelle*
2 *Capsule avec opercule grossis   12 Diam.*
3 *_____ sèche gros. _____   12 _____*
4 *2 dents du perstome et un cil gros. 60 ____*
5 *Feuille grossie _____ 12 _____*
6 *Réseau des feuilles gros. _____ 300 _____*
7 *Sommet de la feuille_____   60 _____*

Antitrichia curtipendula

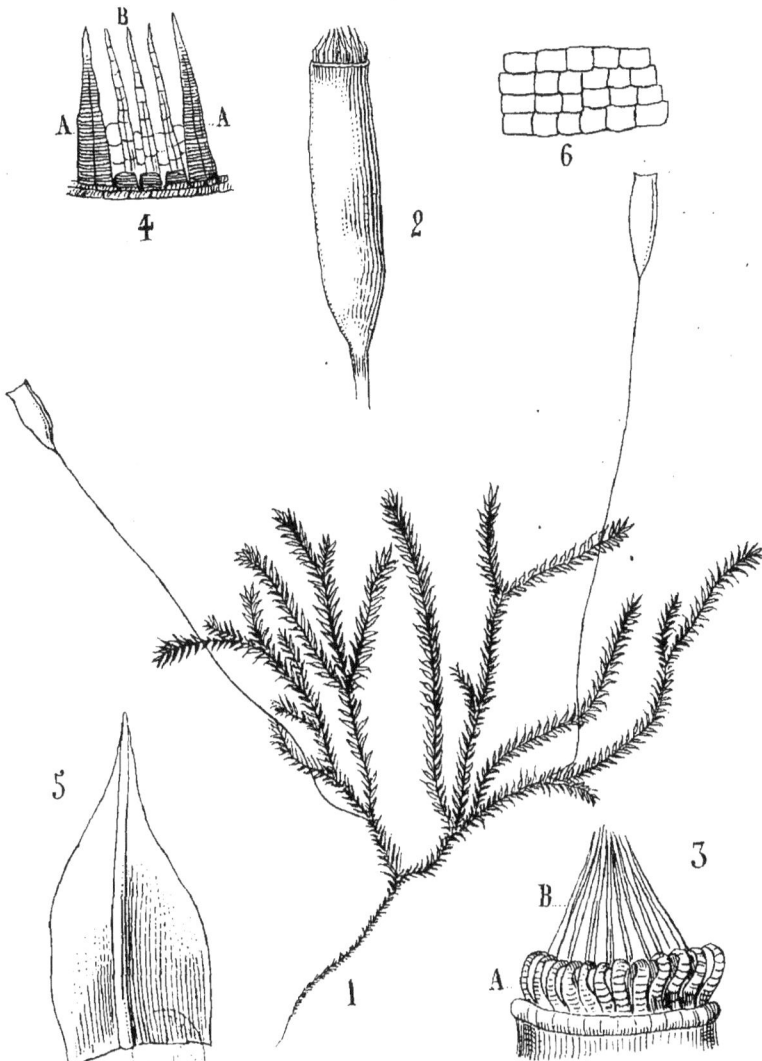

1 - *Plante grossie de 8 Diamètres*
2 *Capsule mûre grossie de   16 Diam.*
3 *Péristome à l'état sec gros.   60* _____
    A Dents du péristome externe repliées en dedans
    B Cils du péristome interne connivents en cône
4 *Péristome à l'état mou gros de 65 Diam.*
    A 2 dents du péristome externe _____
    B 3 cils _____ *interne* _____
5 *feuille grossie* _____ *60* _____
6 *Réseau des feuilles grossi* _____ *300* _____

Leskea polycarpa

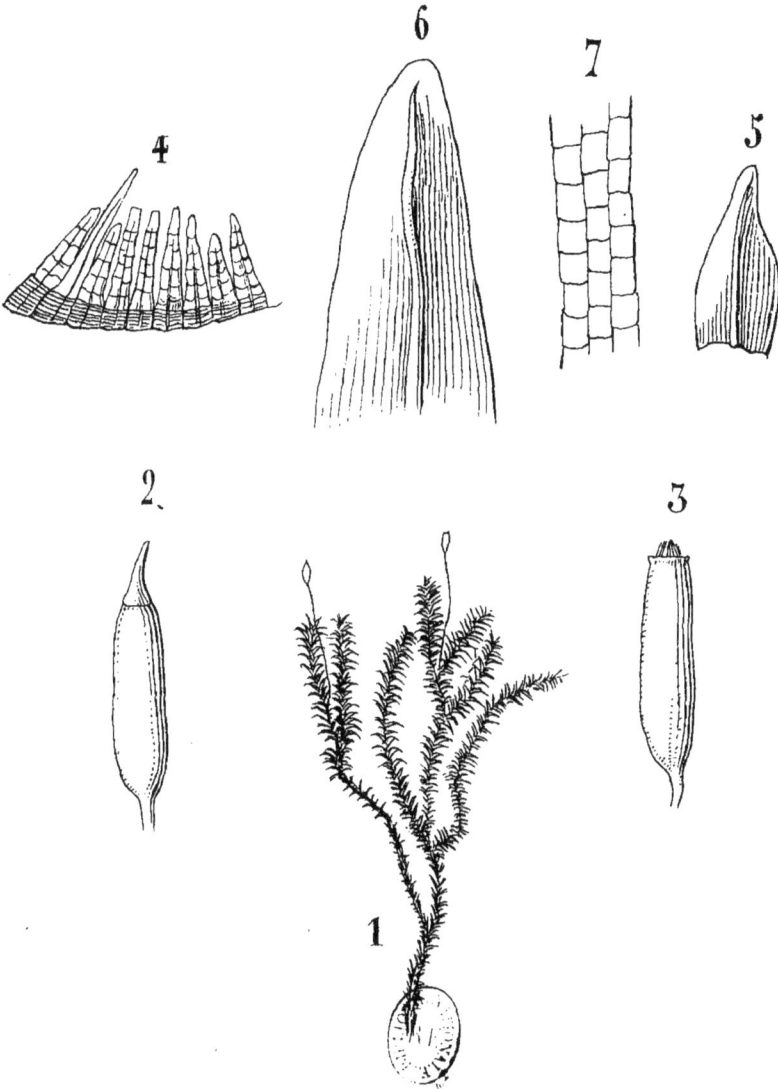

1	Plante de grandeur naturelle		
2	Capsule avec opercule grossis	8 Diam.	
3	_____ mûre _____	8	
4	Dents du péristome _____	60	
5	Feuille grossie de _____	12	
6	Sommité de feuille grossie ___	60	
7	Réseau des feuilles _____	300	

Anomodon viticulosum

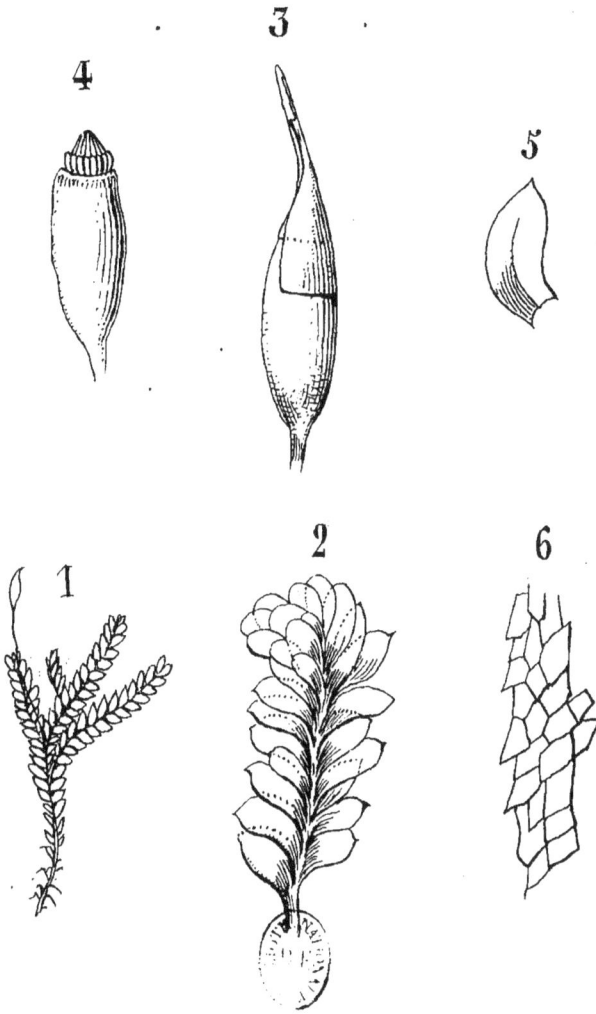

1　Plante de grandeur naturelle
2　Rameau vu à la loupe
3　Capsule et coiffe grossies de 12 Diam
4　――――― mûre ――――――― 12 ―――
5　Feuille ――――――――――― 8 ―――
6　Réseau des feuilles gros.　200――

Homalia trichomanoïdes

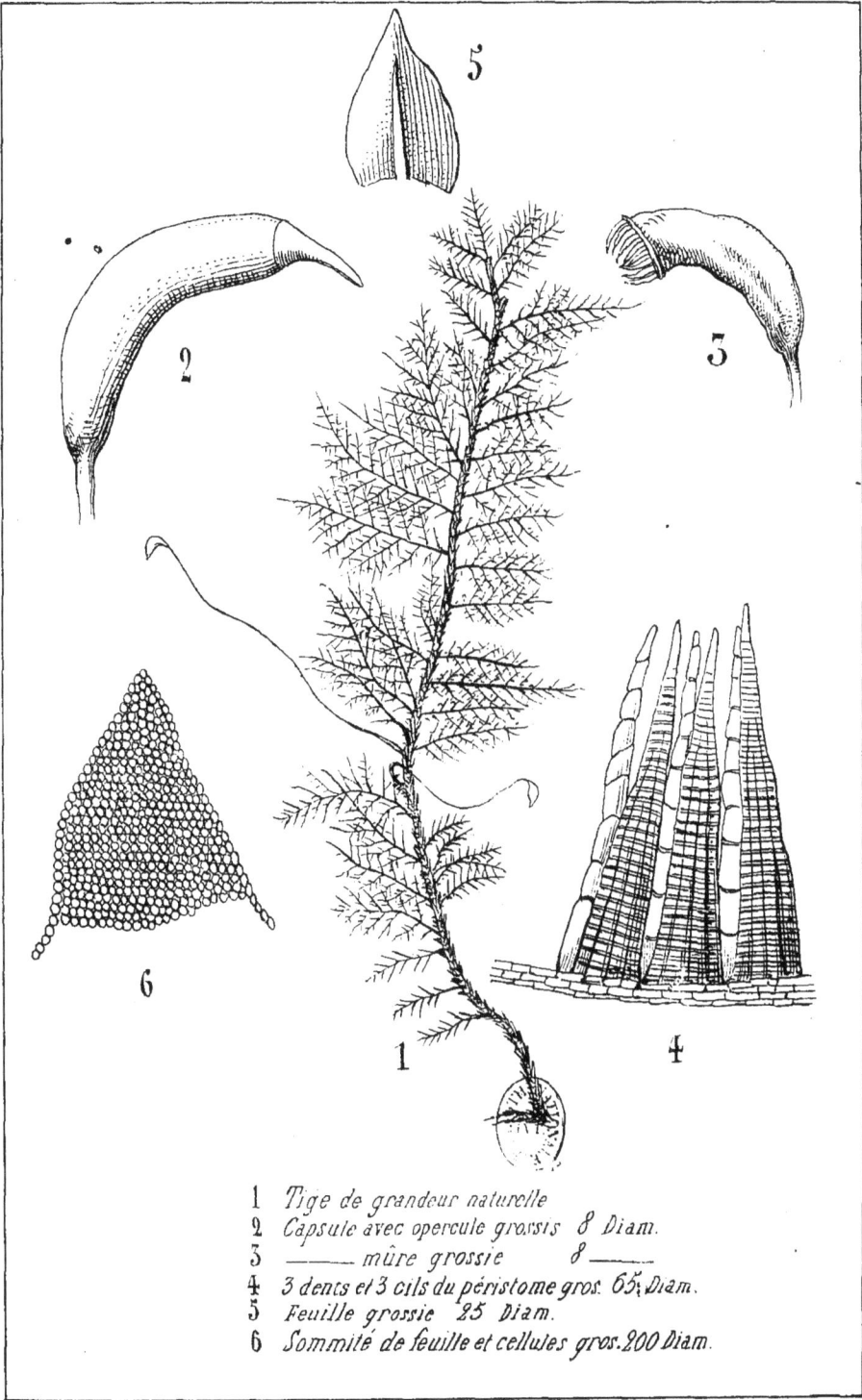

1   *Tige de grandeur naturelle*
2   *Capsule avec opercule grossis   8 Diam.*
3   *_____ mûre grossie   8 ____*
4   *3 dents et 3 cils du péristome gros. 65 Diam.*
5   *Feuille grossie   25 Diam.*
6   *Sommité de feuille et cellules gros.200 Diam.*

Thuidium tamariscinum

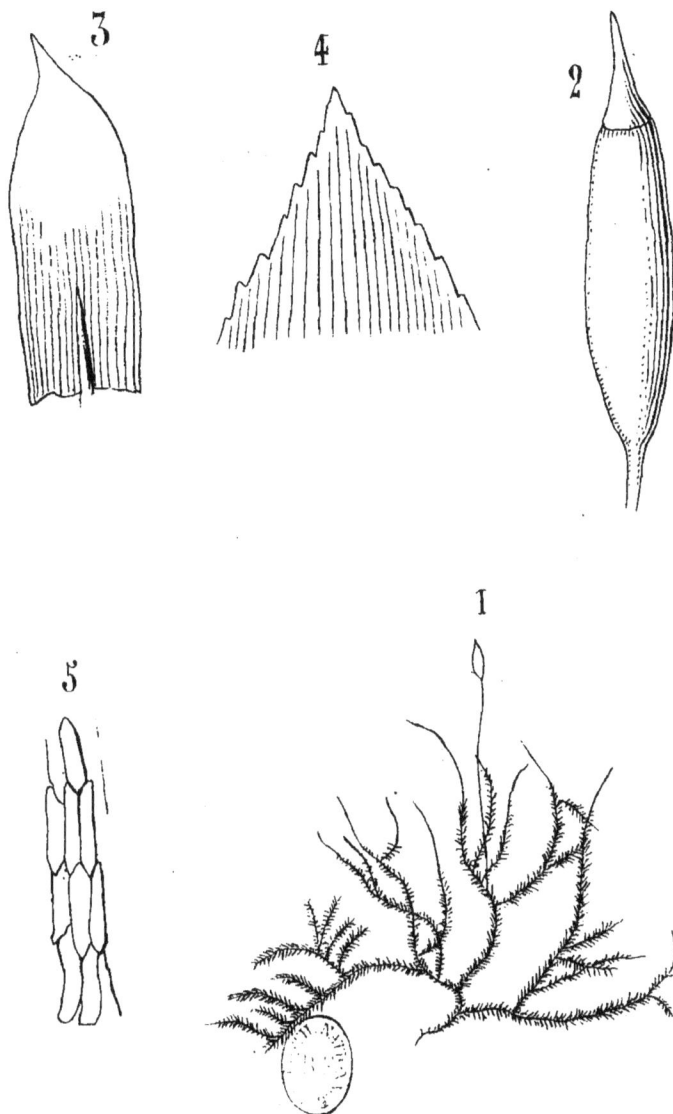

1   *Plante grossie 2 ½ Diam.*
2   *Capsule avec opercule grossis 16 Diam.*
3   *Feuille grossie 65 Diam.*
4   *Sommité de feuille grossie 300 ____*
5   *Réseau des feuilles_____ 300 ____*

Pterigynandrum filiforme

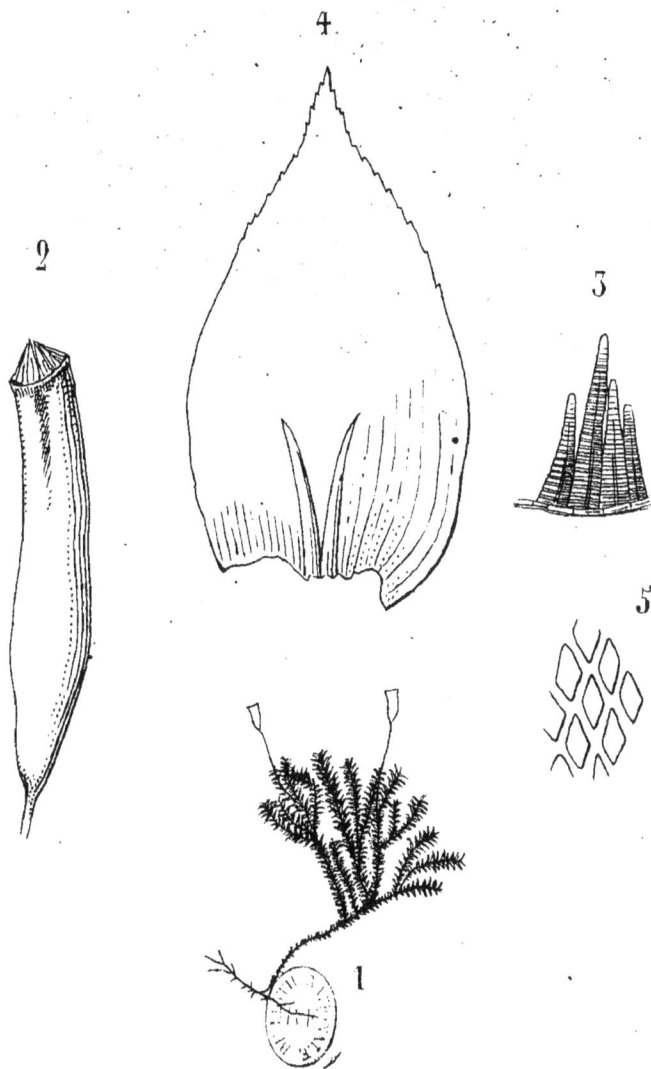

1 Plante de grandeur naturelle
2 Capsule mûre grossie 16 Diam.
3 4 Dents du péristôme 65 _____
4 Feuille grossie _____ 65 _____
5 Réseau des feuilles gros. 300 _____

Pterogonium gracile

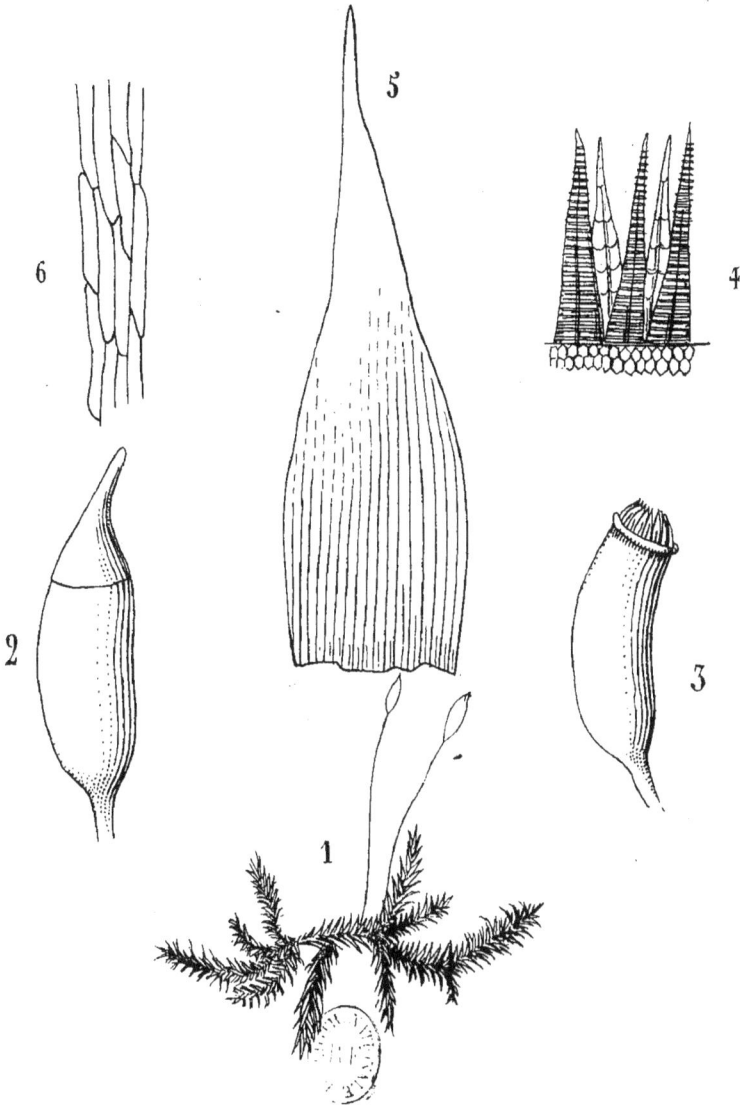

1 *Plante grossie 2½ Diam.*
2 *Capsule et opercule grossis 16 D.*
3 _____ *mûre* _____ *16* ___
4 *3 Dents du péristome externe et 2 dents du péristome interne gros. 65 D.*
5 *Feuille grossie 65 D.*
6 *Réseau des feuilles grossi 300 D.*

Platygyrium repens

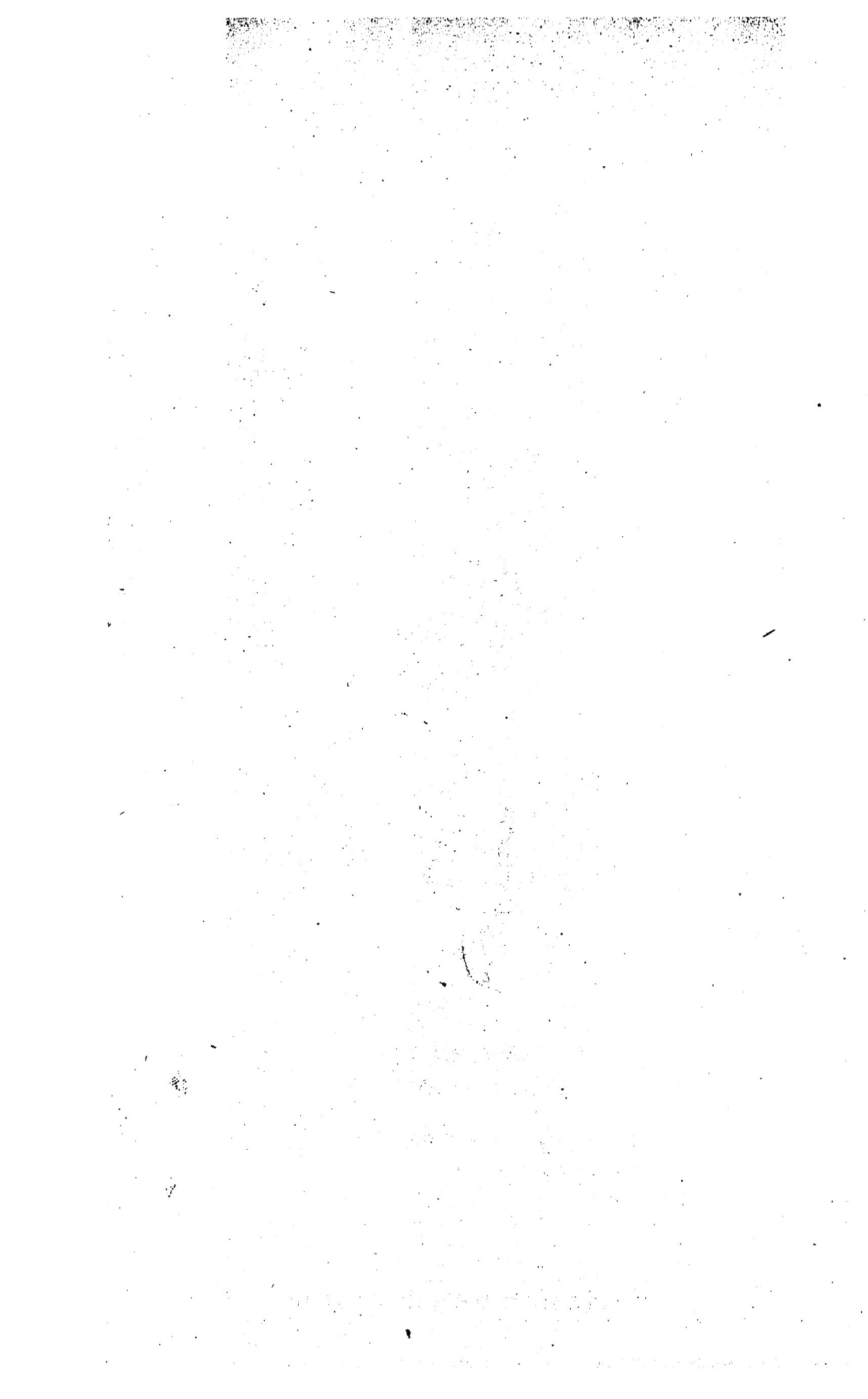

Bull. Soc. Sc. hist. et nat. de l'Yonne. 1875. t. XXIX.

Pl. LXIII

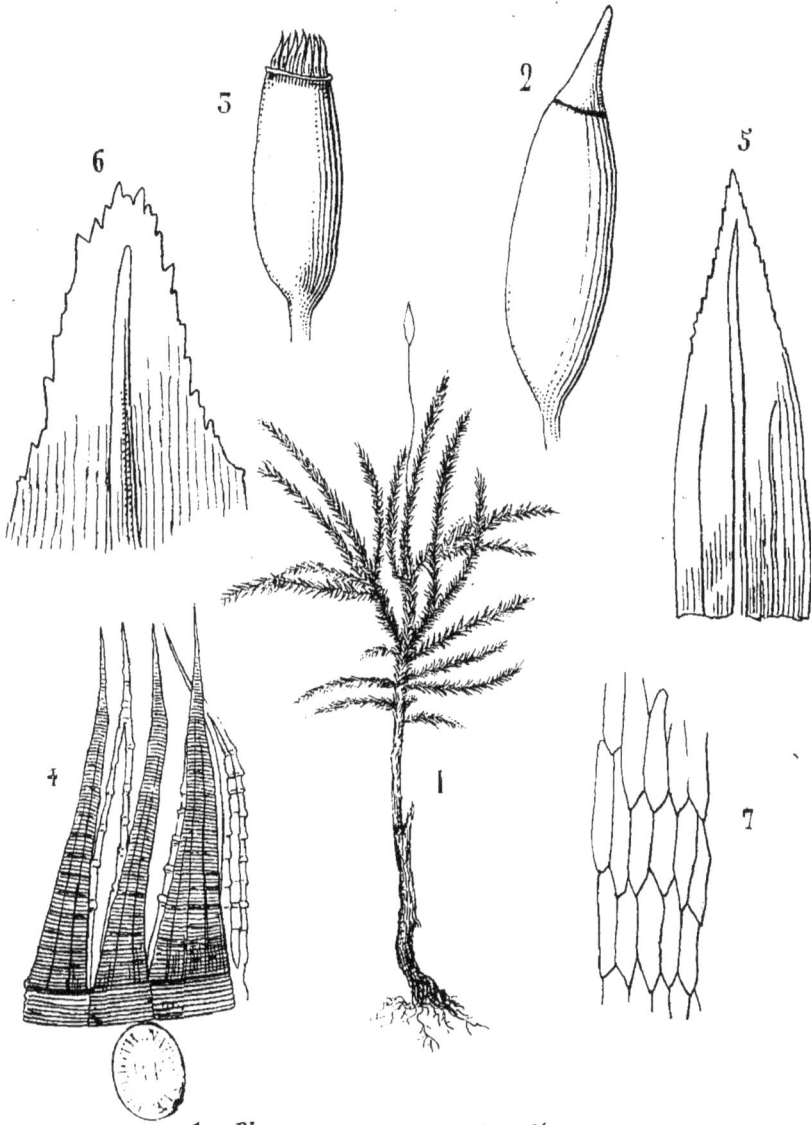

1 Plante de grandeur naturelle
2 Capsule et opercule grossis 12 Diam.
3 ———— mûre ——————— 12 ——
4 3 Dents du péristome externe et 3 dents du péristome int. gros. 65 D.
5 Feuille grossie 25 D.
6 Sommité de feuille grossie 65 D.
7 Réseau des feuilles grossi 300 —

Climacium dendroïdes

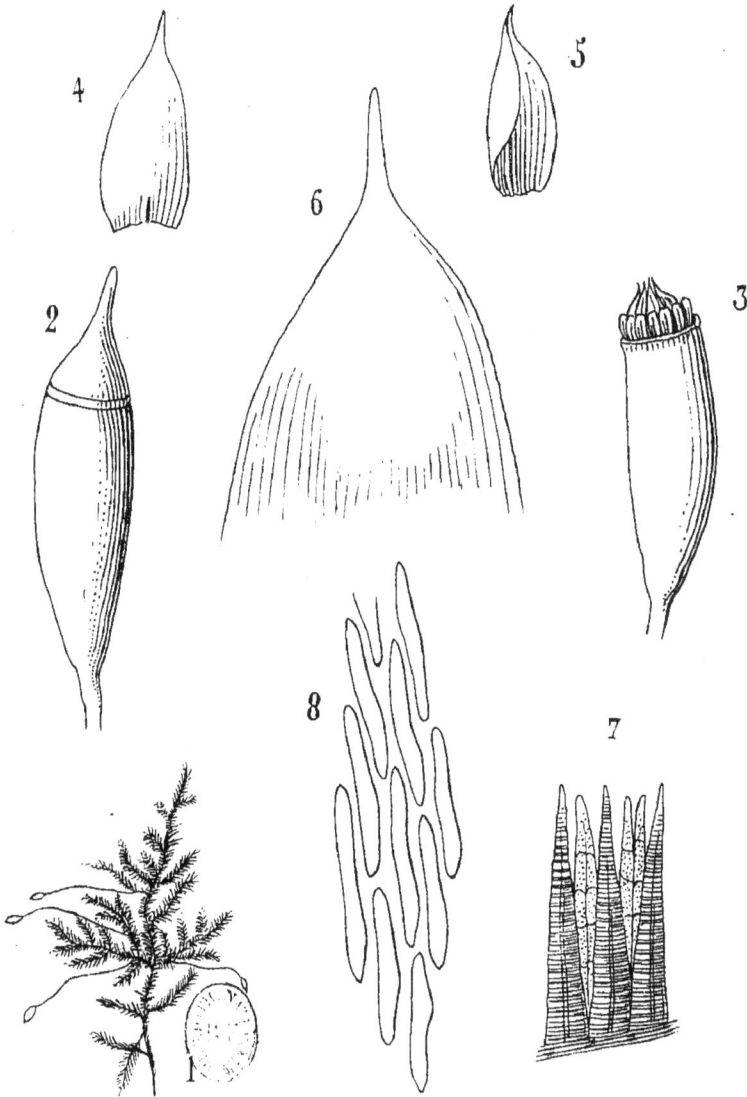

1   Plante de grandeur naturelle
2   Capsule et opercule grossis de 16 Diam.
3   _____ mûre grossie _____ 16 ____
4   Feuille aplatie grossie _____ 16 ____
5   _____ concave _____ 16 ____
6   Sommité de feuille _____ 65 ____
7   3 Dents du péristôme externe et 2 Dents du péristôme interne gros. 70 D.
8   Réseau des feuilles grossi 300 D.

Pylaisia polyantha

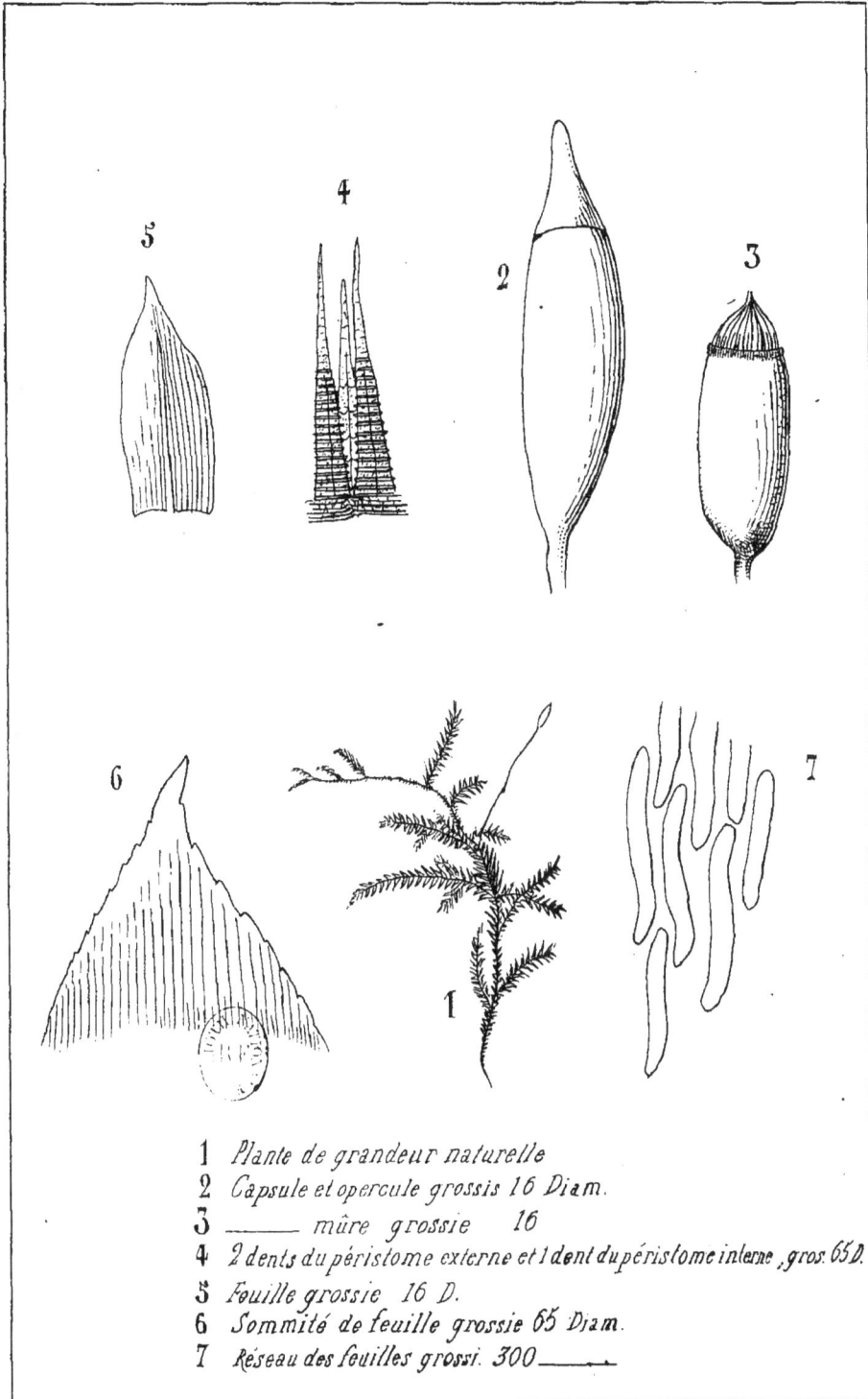

1 *Plante de grandeur naturelle*
2 *Capsule et opercule grossis 16 Diam.*
3 _____ *mûre grossie   16*
4 *2 dents du péristome externe et 1 dent du péristome interne , gros. 65 D.*
5 *Feuille grossie 16 D.*
6 *Sommité de feuille grossie 65 Diam.*
7 *Réseau des feuilles grossi. 300* _____

Isothecium myurum

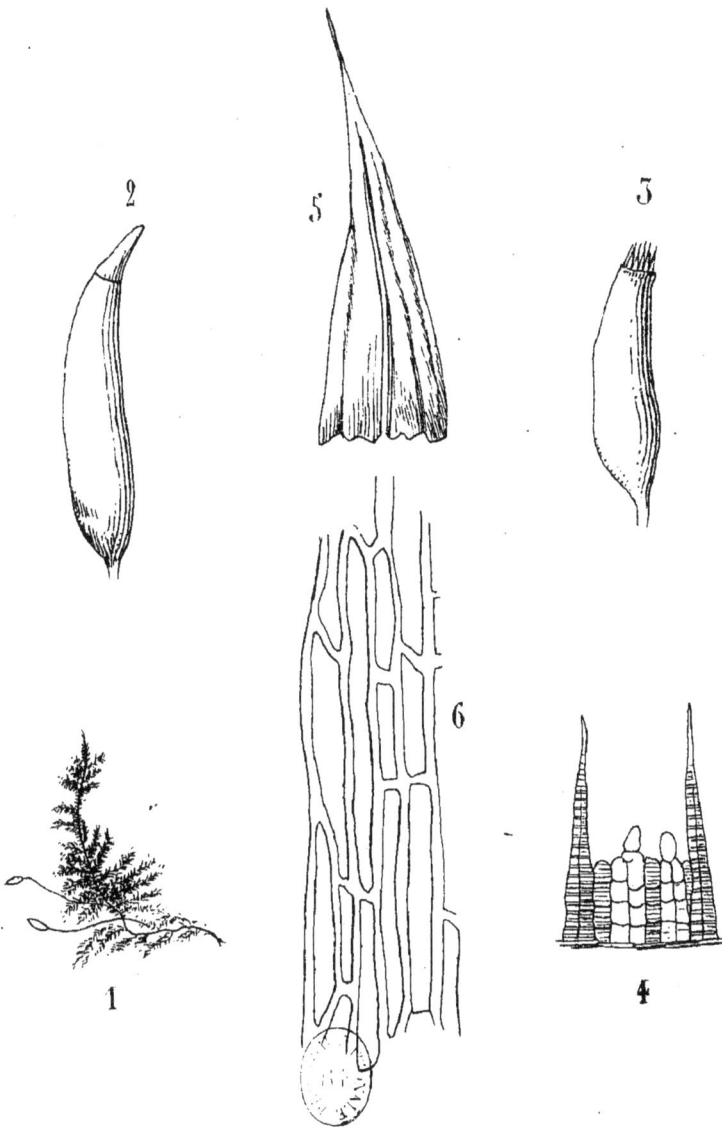

1 Plante de grandeur naturelle
2 Capsule et opercule grossis 8 Diam.
3   mûre grossie ____ 8 ____
4 2 Dents du péristome externe et entre lesquelles une
     portion du péristome interne imparfait, grossissement 65 Diam.
5 Une feuille grossie 25 D.
6 Réseau des feuilles grossi 200 D.

Homalothecium sericeum

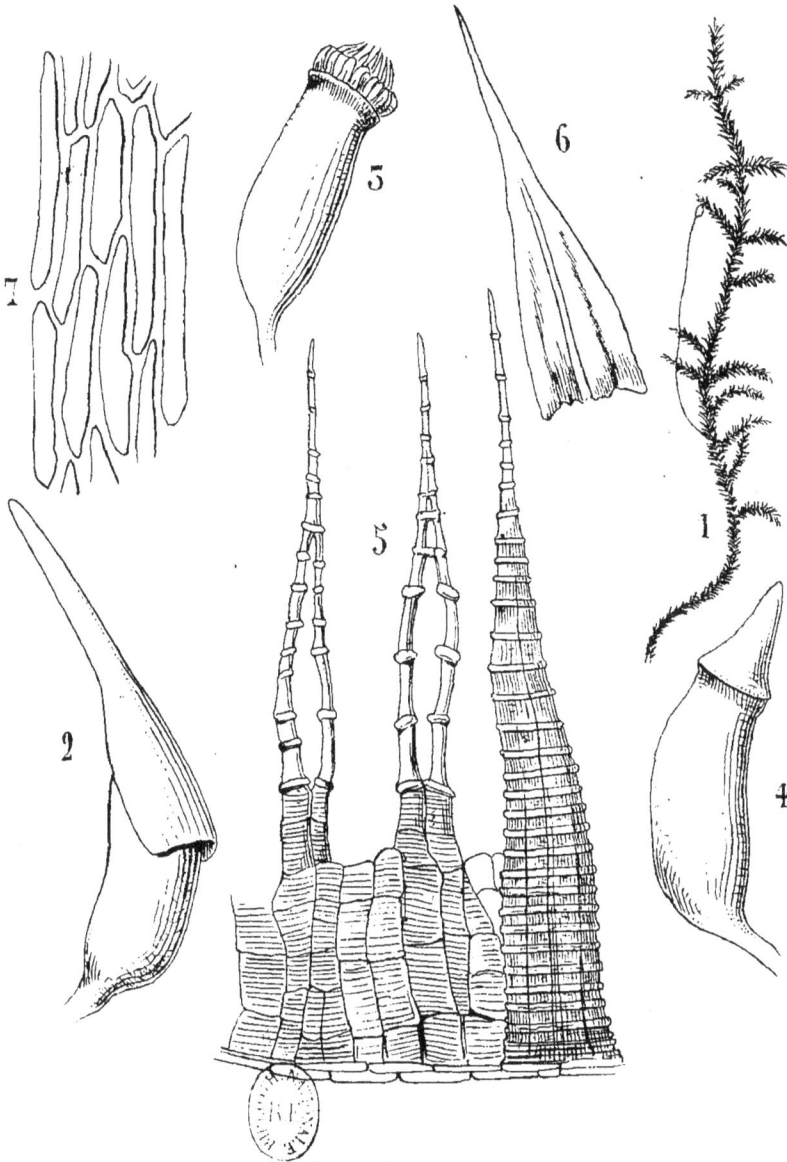

1   Rameau fructifère de grandeur naturelle
2   Capsule et coiffe grossies 16 Diam.
3   _____ mûre grossie   16 _____
4   _____ et opercule _____ 16 _____
5   Une portion du péristome double grossie 200 D.
6   Feuille grossie   16 D
7   Réseau de la feuille grossi 320 D.

Camptothecium lutescens

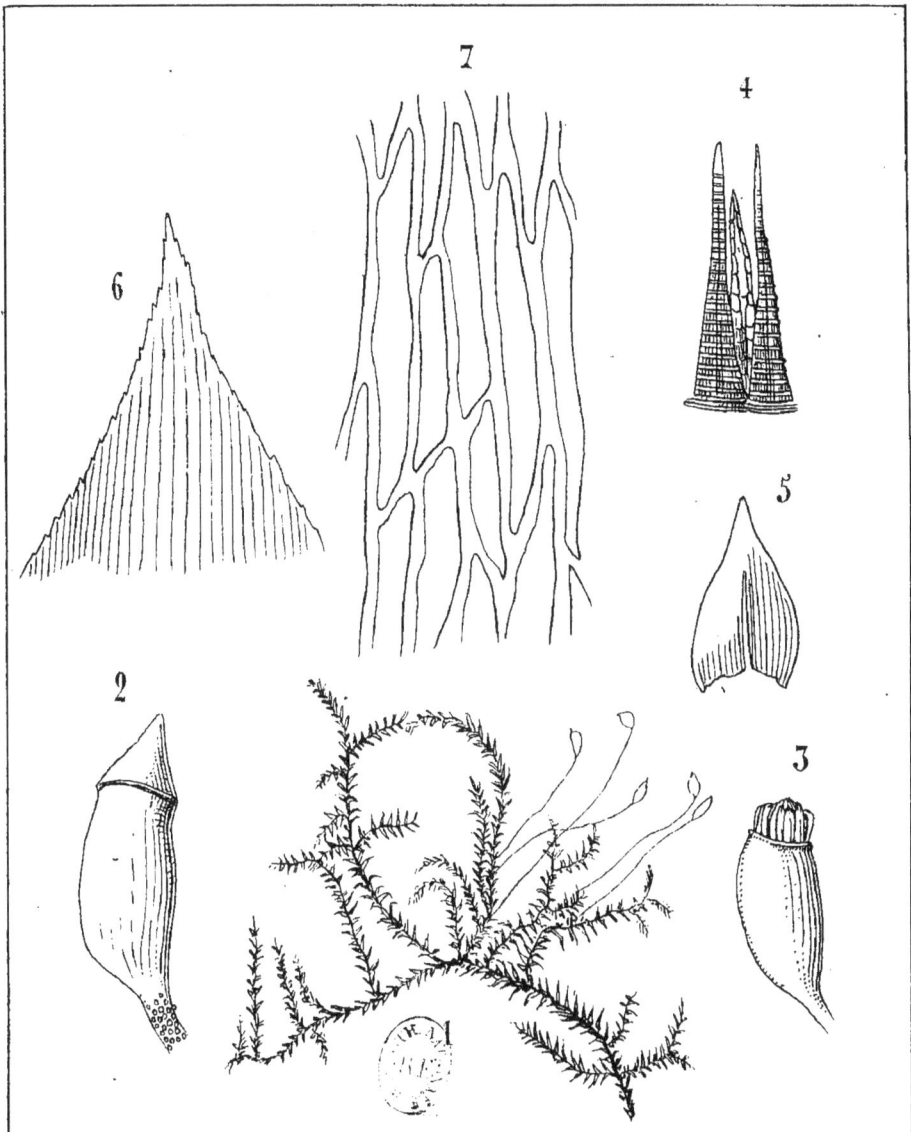

1　Plante de grandeur naturelle
2　Capsule, opercule et pédicelle rugueux grossis 12 Diam.
3　———— mûre grossie ———————— 12 ———
4　2 dents du péristome externe et 1 dent du péristome interne gros. 65 Diam.
5　Feuille grossie　16 D.
6　Sommité de feuille grossie 65 D.
7　Réseau des feuilles grossi.　320 D.

Brachythecium rutabulum

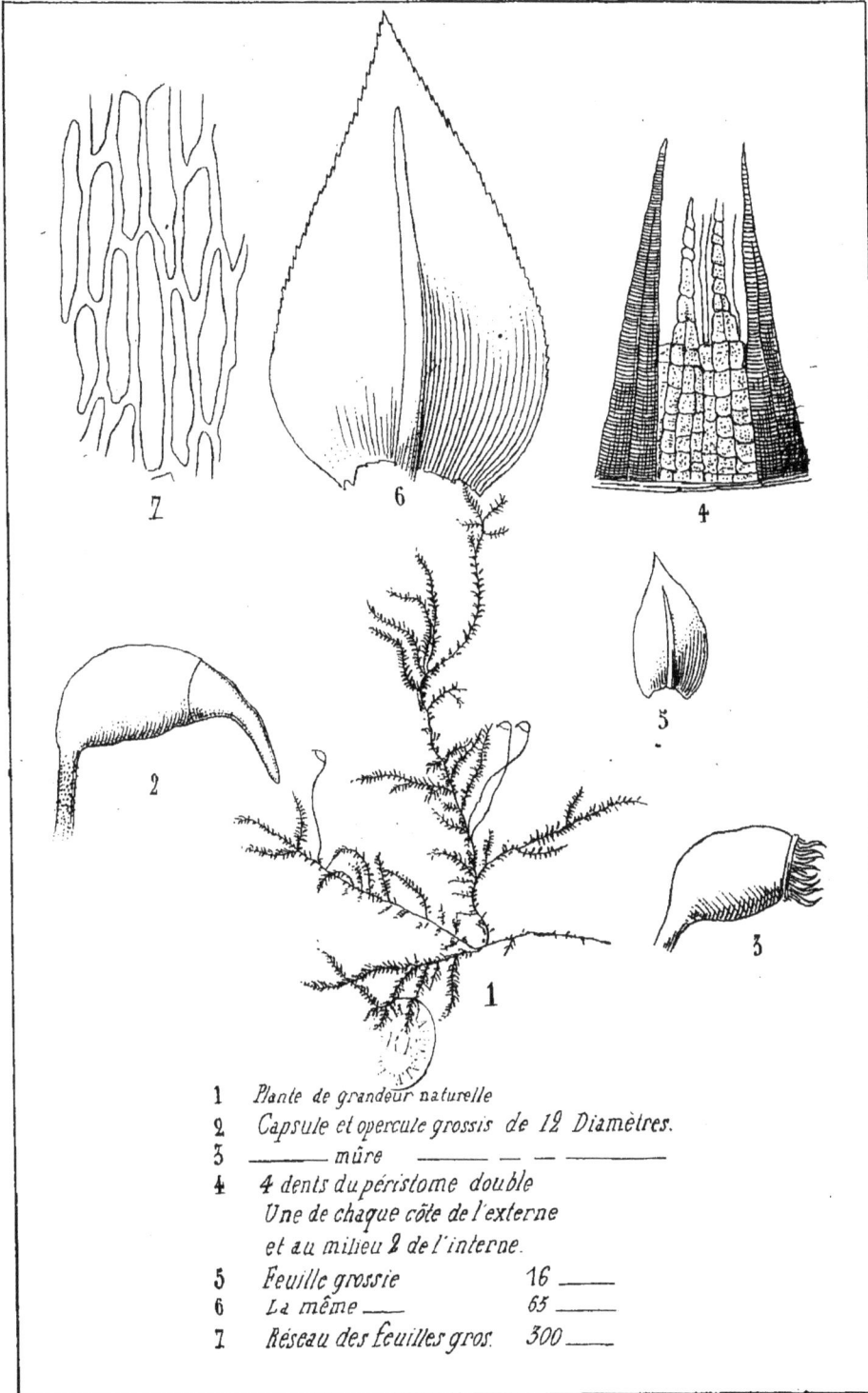

1   Plante de grandeur naturelle
2   Capsule et opercule grossis de 12 Diamètres.
3   _____ mûre   ___ ___ ___
4   4 dents du péristome double
     Une de chaque côte de l'externe
     et au milieu 2 de l'interne.
5   Feuille grossie   16 ____
6   La même ____   65 ____
7   Réseau des feuilles gros.   300 ____

Eurhynchium prælongum

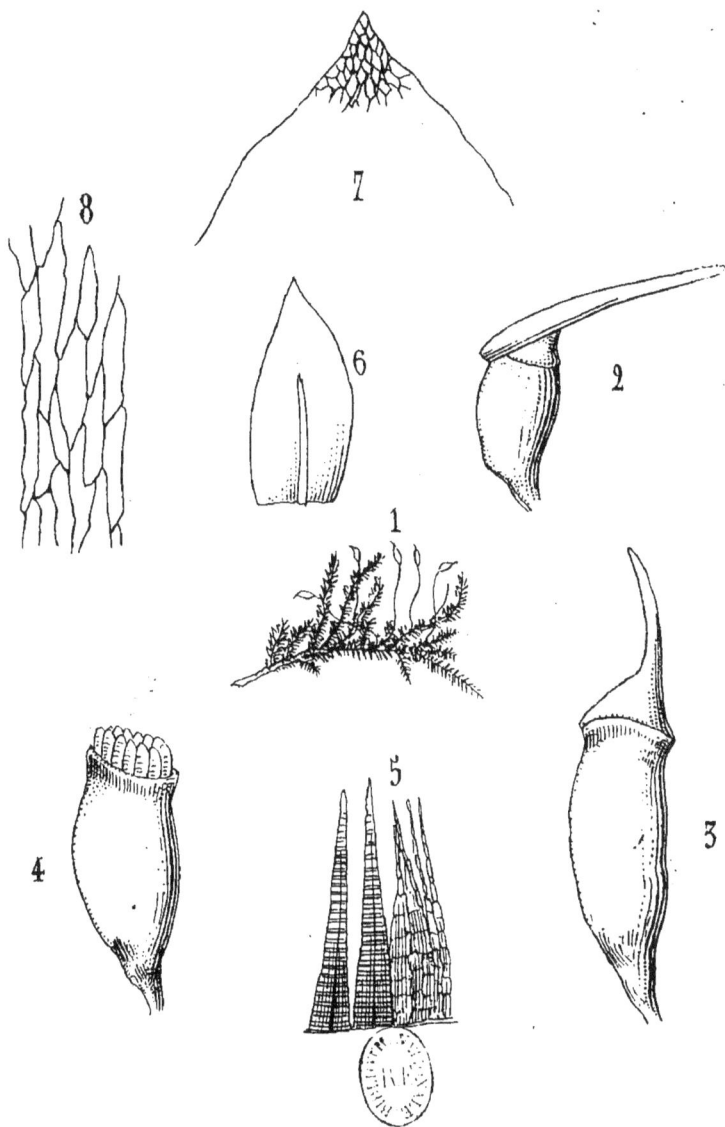

1	Plante de grandeur naturelle		
2	Capsule avec coiffe grossie de	16	Diamètres
3	et opercule	16	
4	mûre	16	
5	Péristome double	65	
6	Feuille	25	
7	Sommité de la feuille gros.	65	
8	Réseau des feuilles	200	

Rhynchostegium murale

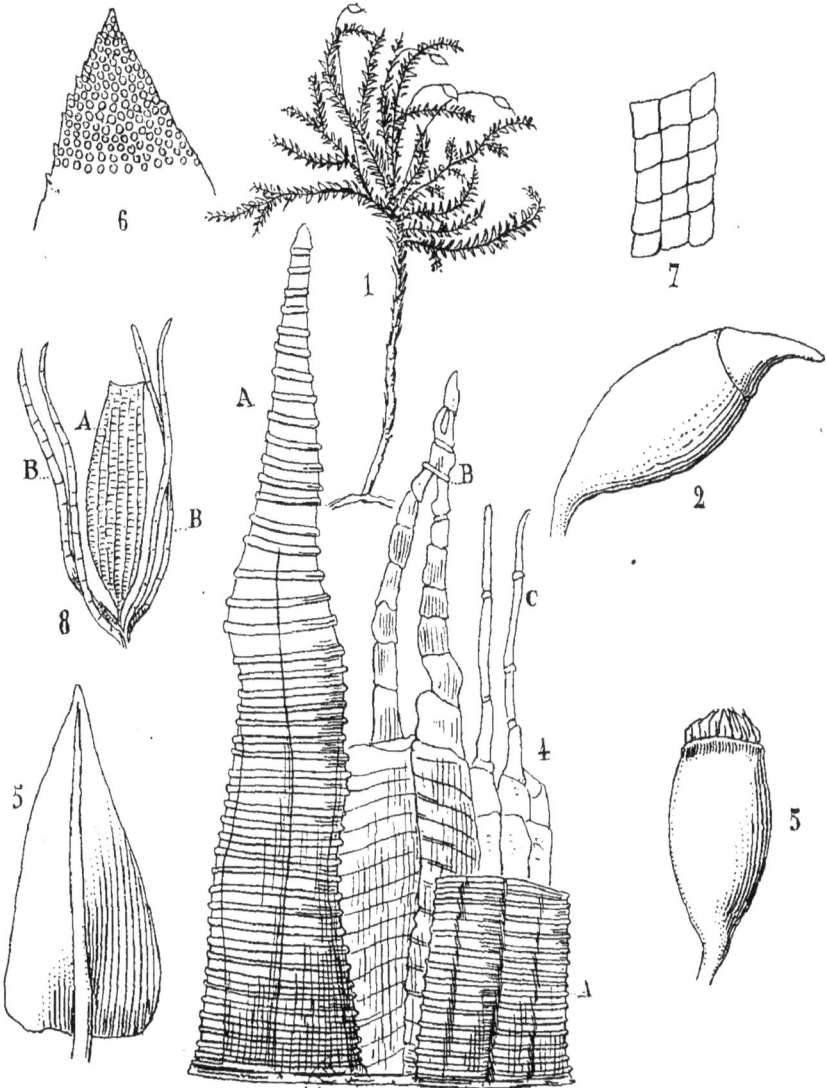

1   Plante de grandeur naturelle
2   Capsule et opercule grossis de 12 Diam.
3   —————— mûre ————— — 12 ——
4   Péristome double ———— —— 200 ——
     AA Dents du péristome externe
     B Dent du péristome interne carenée à la base (Processus).
-   C Ciliololes naissant entre les processus
5   Feuille gros. ———— 25 ————
6   Sommité de feuille gros. 65 ————
7   Réseau ———— —— 300 ————
8   Organe mâle   65 ————
     A Anthéridie B Paraphyses.

Thamnium alopecurum

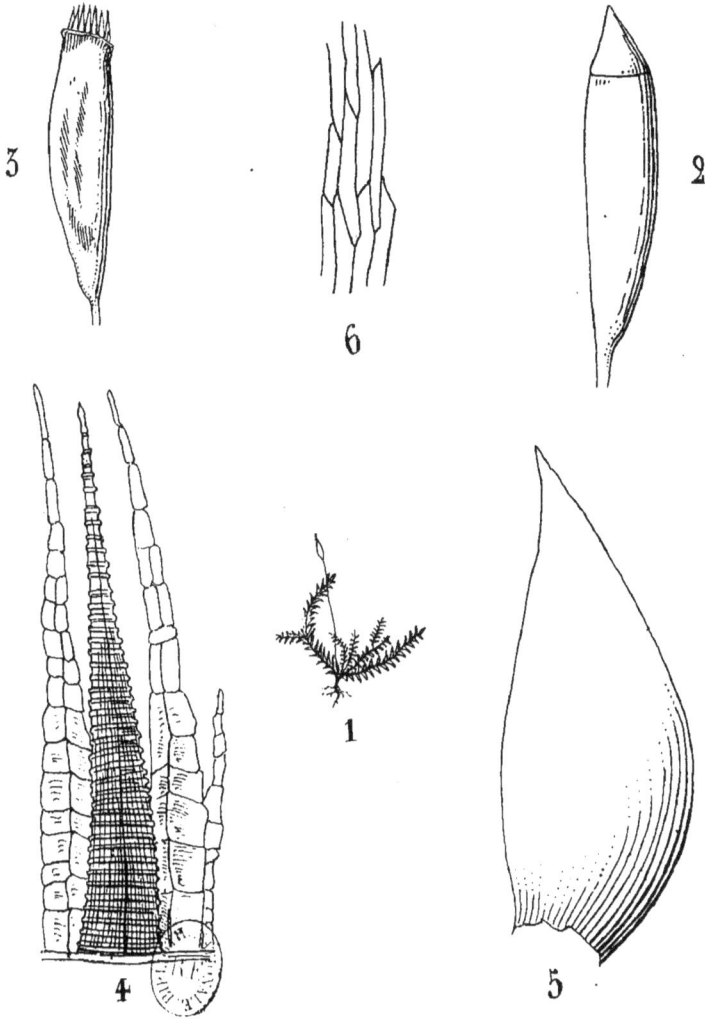

1   Plante de grandeur naturelle
2   Capsule et opercule grossis de 12 Diamètres.
3   mûre   — 12 —
4   Une dent du péristome externe
     et deux processus avec un ciliole gros. de 200 D.
5   Une feuille grossie   65 D.
6   Réseau des feuilles gros. 300 —

Plagiothecium denticulatum

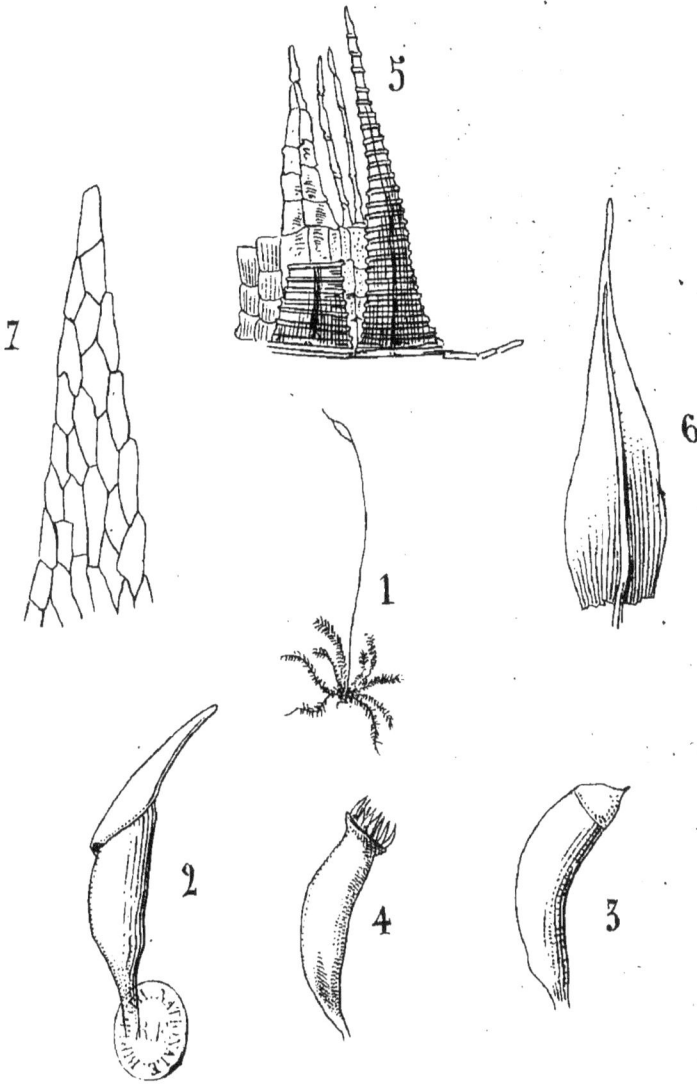

1	Plante de grandeur naturelle	
2	Capsule et coiffe grossies de 12 Diamètres.	
3	_____ et opercule grossis	12 _____
4	_____ mûre _____	12 _____
5	Péristome double _____	65 _____
6	Feuille grossie _____	25 _____
7	Réseau des feuilles _____	300 _____

Amblystegium serpens

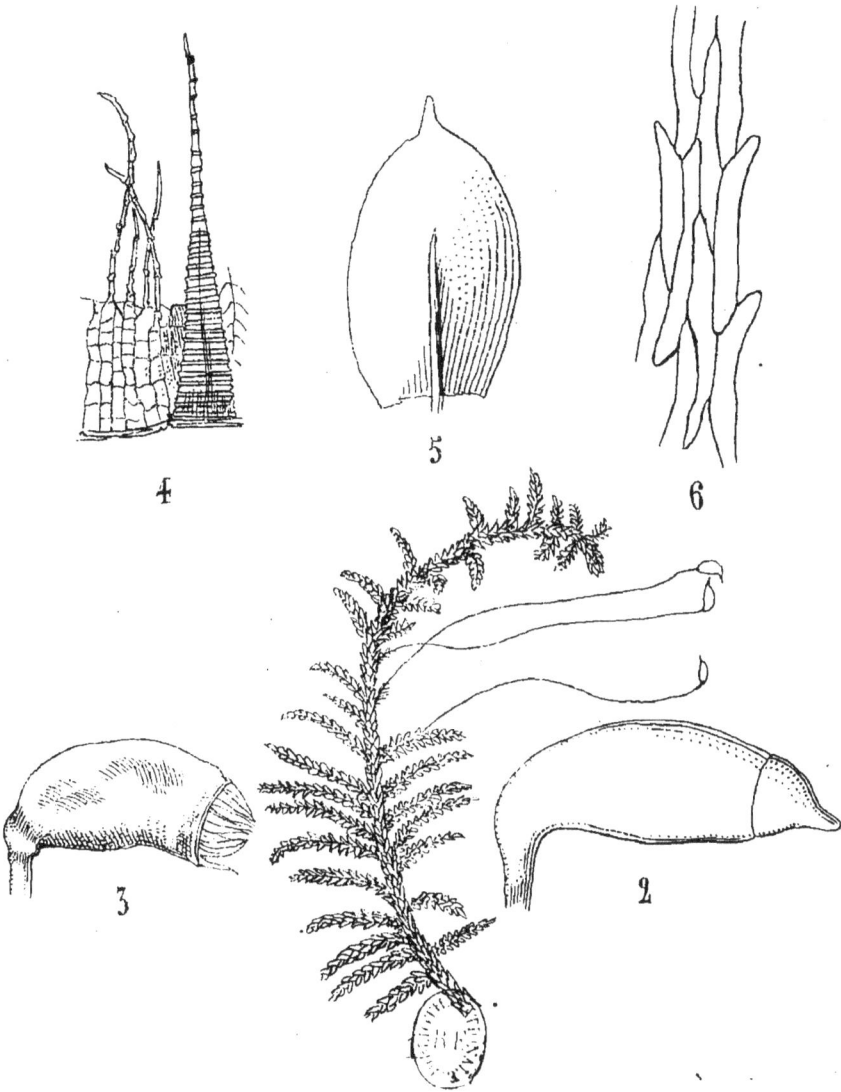

1 Rameau fleuri de grandeur naturelle
2 Capsule et opercule grossis de 12 Diamètres
3 _____ mûre grossie _____ 12 _____
4 Peristome double grossi 65 _____
5 Feuille grossie _____ 95 _____
6 Réseau des feuilles _____ 320 _____

Hypnum   purum

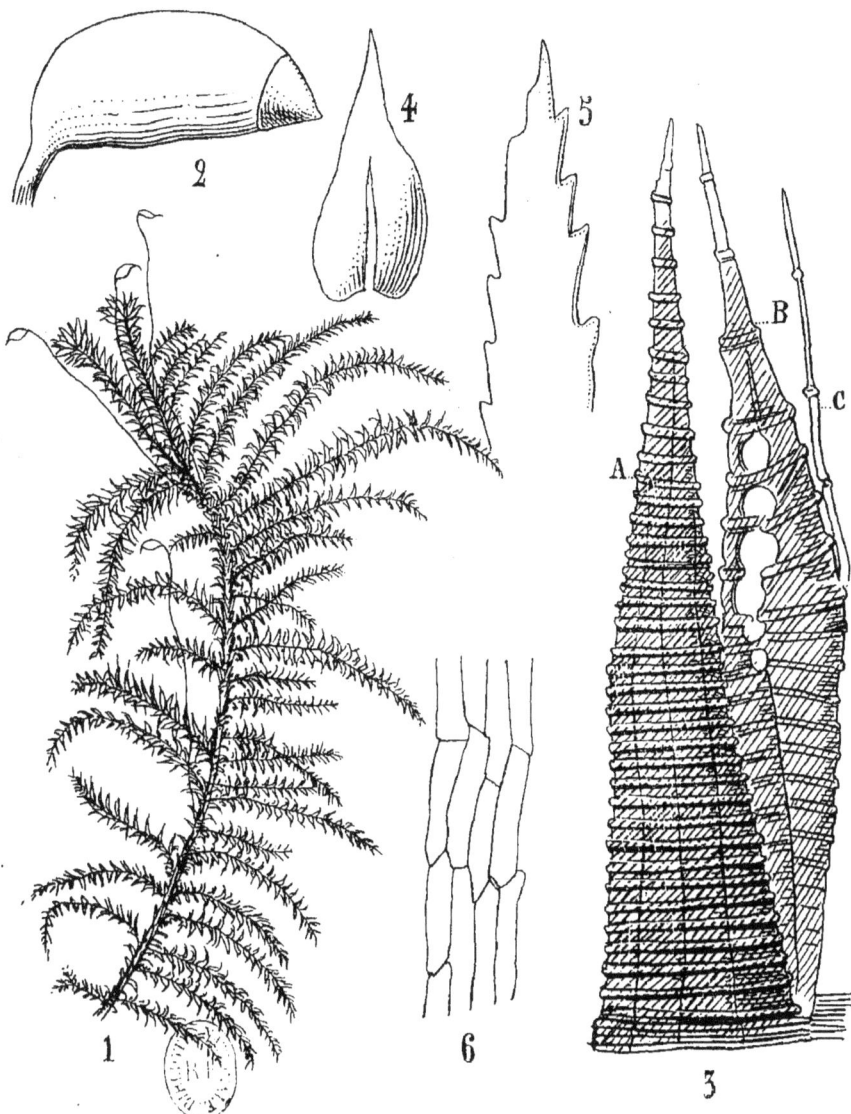

1　Rameau fructifère de grandeur naturelle
2　Capsule et opercule gros. de 12 Diamètres
3　Portion du péristome double gros. 200
　　A une dent du péristome externe
　　B un processus du ——— interne
　　C un ciliole
4　Feuille grossie de 12 Diam.
5　Sommet de la feuille grossie de 120
6　Réseau des feuilles ———— 300

Hylocomium triquetrum

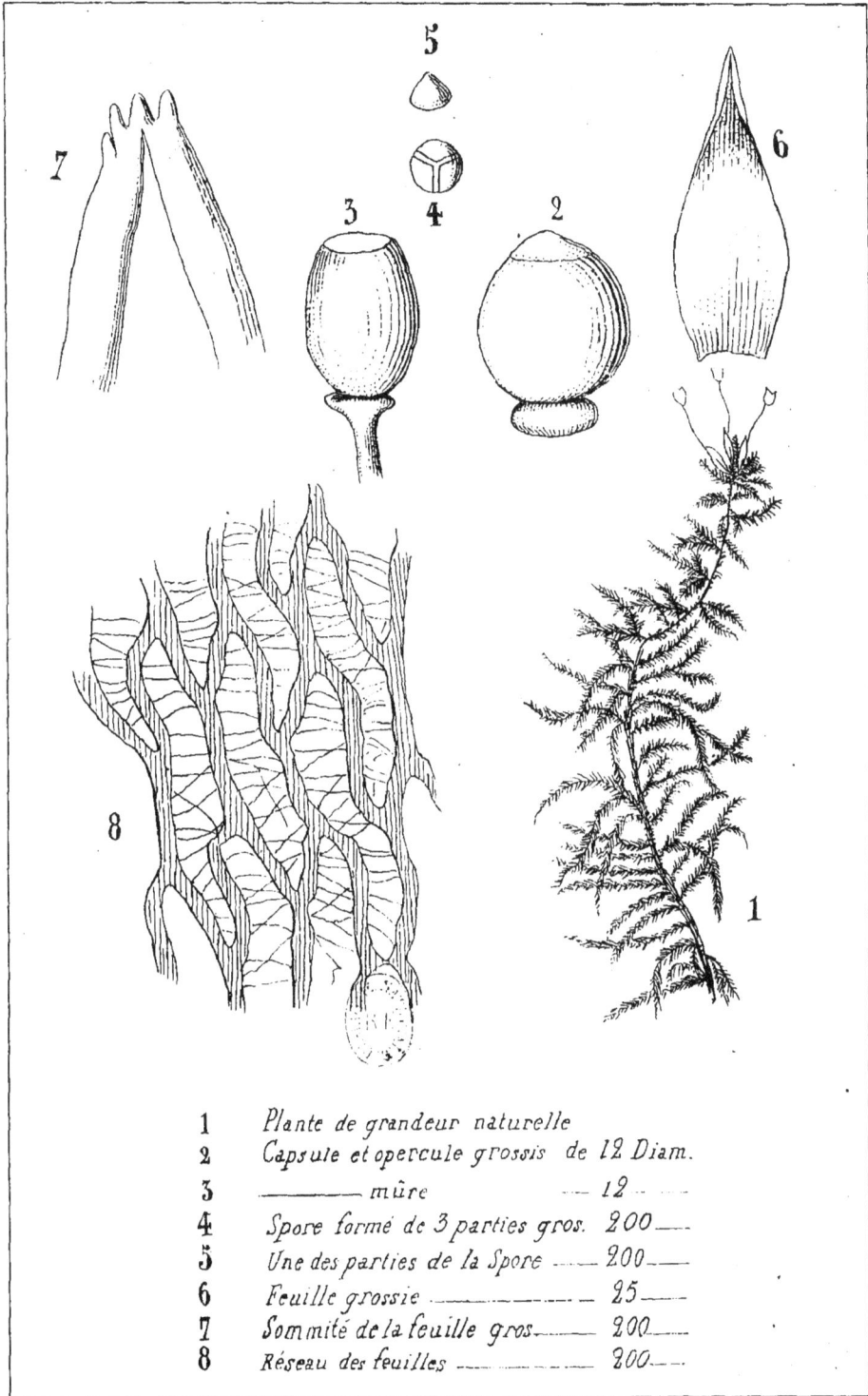

1	Plante de grandeur naturelle
2	Capsule et opercule grossis de 12 Diam.
3	———— mûre ———— 12
4	Spore formé de 3 parties gros. 200
5	Une des parties de la Spore ——— 200
6	Feuille grossie ——————— 25
7	Sommité de la feuille gros.——— 200
8	Réseau des feuilles ———————— 200

Sphagnum   acutifolium

www.ingramcontent.com/pod-product-compliance
Lightning Source LLC
Chambersburg PA
CBHW032329210326
41518CB00041B/1847